新 石川の地酒はうまい。

新酒米「百万石乃白」デビュー記念

能登/金沢/加賀

33酒蔵と銘酒の今

北國新聞社

ごあいさつ

石川県酒造組合連合会 会長
山田　英貴《ひでき》

「石川の地酒はうまい。」は2016（平成28）年に北國新聞社から出版され、今回は石川県が11年かけて開発した新しい酒米「百万石乃白」デビューを記念しての新版となりました。今、この本を手に取られた方には「石川の地酒」が「大好き」あるいは「とても興味を持っている」という方も多数いらっしゃると思います。そのような方たちのために刊行された本です。

「石川県酒造組合連合会」は、鳳珠《ほうす》、七尾、金沢、白山、小松の5つの単位組合で構成され、現在加入している33の酒蔵は日々切磋《せっさ》琢磨《たくま》しながら、「能登・金沢・加賀」の酒としてそれぞれの風土にあった個性豊かな醸造を行っています。よく知った酒蔵であっても、酒づくりに懸ける情熱をこの本を通してさらに深く理解していただけることと思います。また、知らない酒蔵であっても、酒づくりに懸ける熱い思いを知り、一度飲んでみたくなることにもなるでしょう。ご自分の好みのお酒を見つけるのにきっと役立つ本です。

コロナ禍の中とはいえ、県内の各蔵元は地元石川の酒造好適米「百万石乃白」「石川門」「五百万石」などや兵庫県産「山田錦」などを原料に、寒冷で清澄な環境のもと、豊富で良質な地下水を用い、そして日本四大杜氏《とうじ》集団の一つ能登杜氏の技術を伝承しつつ、石川の豊富な山海の幸《さち》に合う酒づくりに情熱を注いでいます。

読者の皆様には、「石川の地酒」をこよなく愛していただき、「石川の地酒の応援団」として今後一層のPRにご協力していただくとともに、ご愛飲いただきますよう心からお願い申し上げます。

目次

新 石川の地酒はうまい。

●本誌に掲載の値段・料金は、特に断り書きがある場合を除き、すべて税込価格です。
●本誌に登場する人物の年齢は、2021年9月15日現在の満年齢です。
●各酒蔵の紹介順は、石川県酒造組合連合会発行のパンフレット「いしかわの酒蔵」の掲載順です。

第1章

挑む酒米「百万石乃白」

「百万石乃白《ひゃくまんごくのしろ》」は、石川県が11年の歳月をかけて新しく開発した酒米《さかまい》です。従来唯一の県オリジナル酒米「石川門」にない独自性を追求し、県を代表するブランドとして通用する優良性を期して、試行錯誤を重ねた結果、県内酒蔵の約7割、24蔵から「採用」の手が挙がりました。この道一筋の杜氏《とうじ》たちからは、「すっきりしてフルーティーな味わい」「麹《こうじ》にしてからのさばきが抜群」など評判は上々。目指すは「山田錦」を超える品質を、と目標は高い。「まだまだ発展途上にある」優良酒米づくりの来《こ》し方をたどり、行く末を占います。

「百万石乃白」使用酒蔵一覧

2021年9月15日現在

❶櫻田酒造(珠洲市)
❷宗玄酒造(珠洲市)
❸松波酒造(能登町)
❹鶴野酒造店(能登町)
❺数馬酒造(能登町)
❻清水酒造店(輪島市)
❼日吉酒造店(輪島市)
❽白藤酒造店(輪島市)
❾中島酒造店(輪島市)
❿鳥屋酒造(中能登町)
⓫御祖酒造(羽咋市)
⓬久世酒造店(津幡町)
⓭やちや酒造(金沢市)
⓮武内酒造店(金沢市)
⓯福光屋(金沢市)
⓰中村酒造(金沢市)
⓱車多酒造(白山市)
⓲吉田酒造店(白山市)
⓳小堀酒造店(白山市)
⓴宮本酒造店(能美市)
㉑東酒造(小松市)
㉒加越(小松市)
㉓西出酒造(小松市)
㉔鹿野酒造(加賀市)

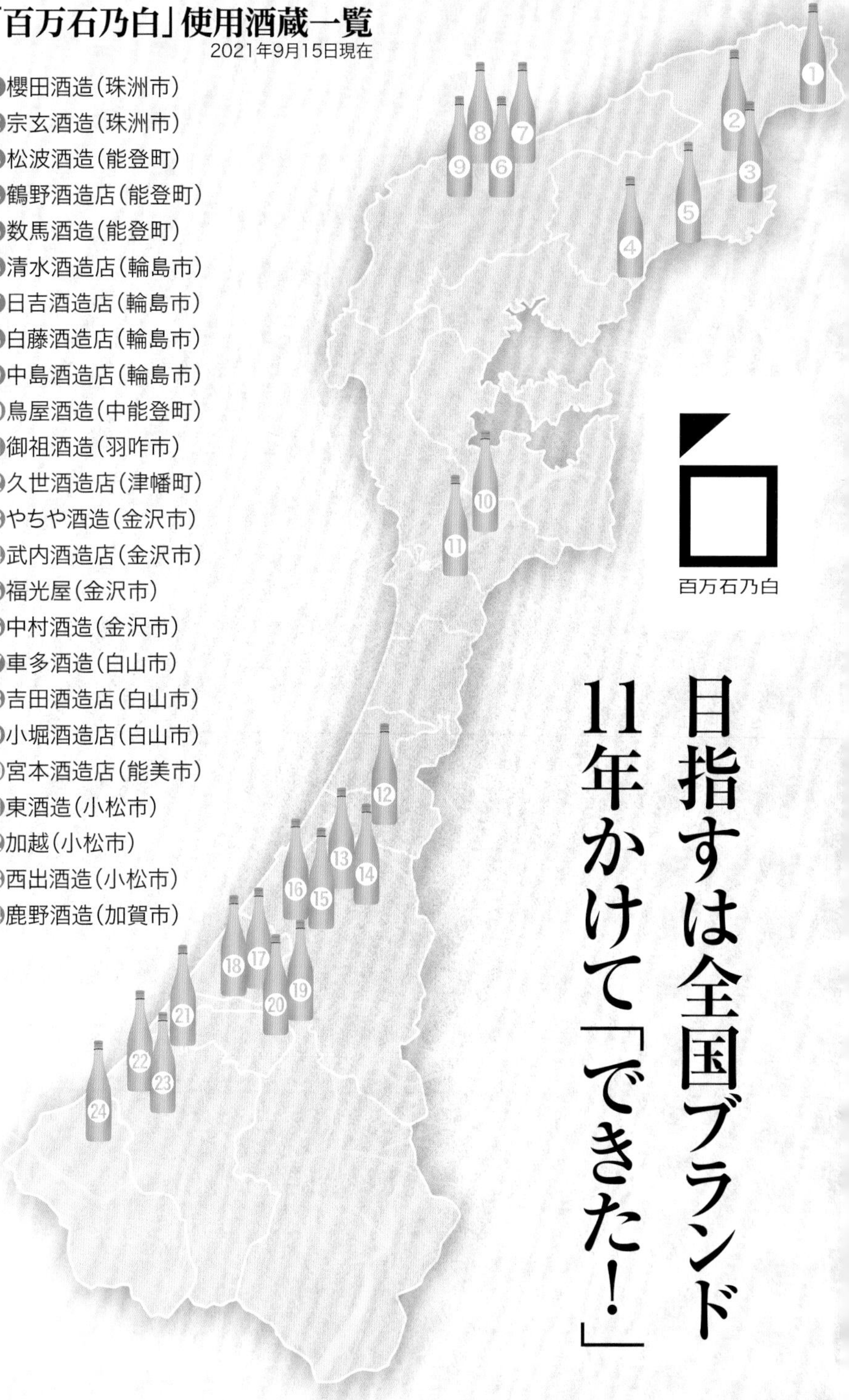

百万石乃白

目指すは全国ブランド 11年かけて「できた!」

県内酒蔵の7割が支持「すっきり、フルーティー」

すくすく育つ「百万石乃白」の水田で中村啓二部長＝県農林総合研究センター農業試験場

能登杜氏の巨匠から太鼓判「ものすごく香りがいい」

2016(平成28)年1月4日。「百万石乃白」生みの親の一人、石川県農林総合研究センター農業試験場(金沢市才田町)の中村啓二資源加工研究部長(58)は、試験醸造先となってきたやちや酒造(同市大樋町)のベテラン杜氏《とうじ》、山岸昭治氏(79)から「今なお耳にこびりついて忘れられない」一言を得ました。「ものすごく香りがいい酒ができたぞ」。

やちや酒造といえば、創業400年近い老舗で、山岸氏は杜氏歴20有余年。全国新酒鑑評会で9回も金賞を受賞した「新・能登杜氏四天王」の一人とも評されてきた巨匠です。その巨匠から、言葉は少ないながらも太鼓判を押され、中村部長は「なんとも言えんうれしさで、胸がいっぱいになった」と振り返ります。

元の名は「石川酒68号」

この時、「百万石乃白」はまだ「石川酒68号」という無個性な名称でした。その後、全国に公募して決まったのが現在の愛称です。

「令和の今、水稲部門で一番の古株は自分かな」という中村部長は、22年余り一貫して酒米づくりに携わってきました。それこそいくつもの品種を掛け合わせ、積んでは崩す試みを繰り返しました。そんな日々、県酒造組合連合会から『山田錦』に負けない、大吟醸酒に適した酒米を開発してほしい」との要請がありました。

それまで唯一の県産酒米であった「石川門」の開発にもかかわったことがある中村部長は「難しい課題をいただいた」と当初は困惑気味でした。しかし、「米どころ石川で酒米の全国に通用するブランドがないのは不甲斐《ふがい》ない」と思い直し、開発に身を挺《てい》してみようと決意したそうです。

各酒米の粒形比較

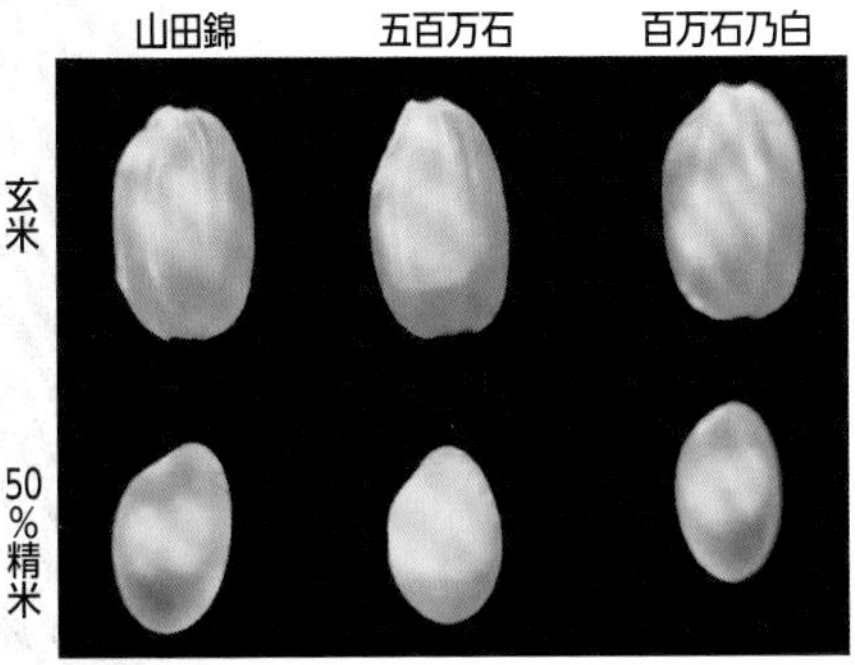

1株ずつ丁寧に手植えする「百万石乃白」の田植え風景＝県農林総合研究センター農業試験場

収穫時期を迎えた「百万石乃白」などの酒米栽培田=県農林総合研究センター農業試験場

酒米は半数以上が県外産に依存

中村部長の背中を押したのは、県内の酒蔵で使用されている酒米の県内外別の統計でした。ちなみに16(平成28)年の調査によると、県内産が46パーセントに対し県外産は54パーセントと県外産優勢。県外産のうち33パーセントが「山田錦」、そのほかの品種が21パーセントに対し、県内産は43パーセントが「五百万石」、「石川門」がわずか2パーセント、そのほかの酒米が1パーセントという状況でした。

ただ、新たな酒米の開発へ挑戦を決意すると同時に、中村部長の前には、全国ブランドの誉《ほま》れ高い「山田錦」の存在が、厚くて高い壁として立ちはだかりました。

切望されてきたオリジナル

「山田錦」は兵庫県の六甲山地北側の三木市吉川《よかわ》町や加東《かとう》市などで主に生産され、「酒米の王様」とも呼ばれており、全国の高級酒に使われている酒米の代表格です。石川県でもほとんどの酒蔵で使われていますが、高価格なのが難点となってきました。県内で「山田錦」に匹敵する、大吟醸酒に適したオリジナルブランドができないかと、切望されてきたのです。

収穫した「百万石乃白」の品質を機械で調べる職員

収穫された「百万石乃白」などの酒米を束にして倉庫に保管、研究に供する＝県農林総合研究センター農業試験場

「石川門」とは異なる役割を期待

吟醸酒や純米酒向き

その頃、「石川門」は吟醸酒や純米酒用としては高い評価を受けていました。しかし、大吟醸酒用として使うには、雑味となる部分を50パーセント以上削り取る高度精米で、米が割れたり欠けたりする砕米が多くなる大きな欠点があるため、大吟醸酒にあまり向いていないとされていたのです。もっとも「石川門」は、精米で表面を30パーセント以上削る本醸造酒、40パーセント以上削る吟醸酒には向いているとして、今なお県内の酒蔵の約3割で使用されています。

「山田錦」は玄米の粒が大きく、その中心部に心白《しんぱく》と呼ばれる白濁した部分がしっかりあるのが特長です。そして、成熟期が遅い、いわゆる晩生《おくて》で、草丈《くさたけ》が長く倒れやすいことなどから、成熟期に台風シーズンを迎えがちの石川での栽培ではあまりなじまないとされてきました。そこで県農林総合研究センター農業試験場では、「山田錦」はさすがに無視するわけにはいかないものの、他県産の酒米などを「山田錦」と掛け合わせるなどの方法で新たな酒米開発を試みることにしました。

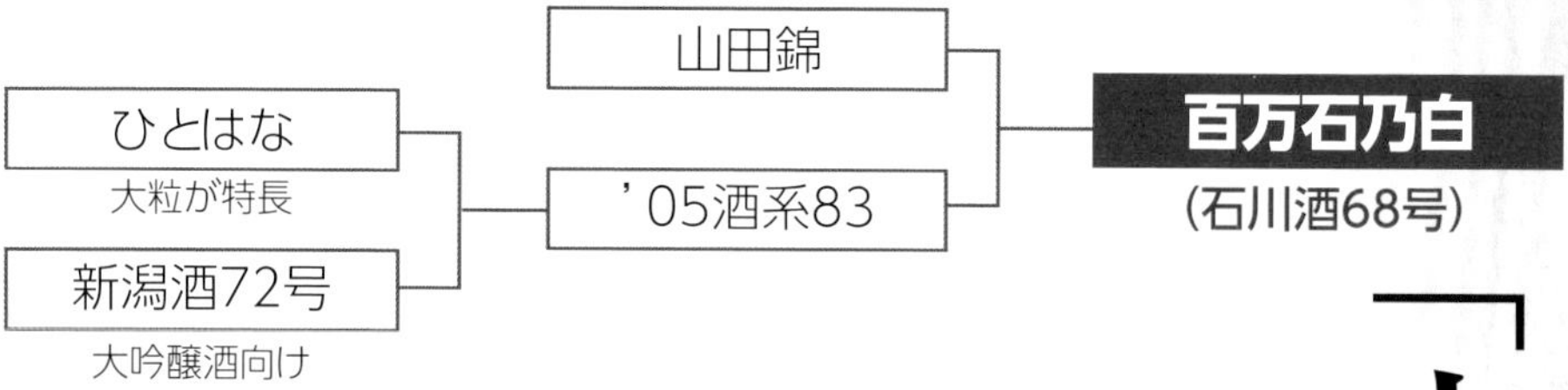

「山田錦超え」期し交配

稲の交配作業=県農林総合研究センター農業試験場

めしべに花粉を振りかける交配の作業

そして生み出されたのが、国の研究機関で育成された玄米が大きめの食用米「ひとはな」と大吟醸酒向けの「新潟酒72号（越淡麗）」を掛け合わせてできた系統と、「山田錦」を交配した「石川酒68号」でした。「山田錦超え」の独自の交配を始めた2005（平成17）年度から、酒米としての評価を受け続け「石川酒68号」の名を付けた15（同27）年度までに実に11年の歳月を要しました。

「私たちにお任せを」

十年一昔といいますが、この間に「どうも『山田錦』とは全く違った酒米になりそう」との見方が流れるたび、関係者からは「本当に大丈夫なのか」と懸念する声が相次ぎます。県農林総合研究センタースタッフの間でも「研究の通りにいくのかどうか」との不安が頭をもたげました。

しかし、中村部長は終始、「私たちにお任せください」と関係者らをなだめつつも、職員とともに、品種開発の格闘を地道に続けました。

割れにくい玄米になった

　そのスタッフの一人であった、県奥能登農林総合事務所の畑中博英地域農業振興課長(58)によると、食用米と酒米の品種開発として、毎年、50組ほどの交配を続けています。温室や水田に植えて、良い系統を選抜し、酒米の場合、さらに試験醸造も行います。交配、選抜、試験醸造を何度も繰り返すため、開発には長い年月を要します。

　「県酒造組合連合会からの要請に応えるためには、玄米を50パーセントまで精米しても、割れにくいという酒米づくりが一《いっ》にクリアすべき命題でした」。こう振り返る畑中課長はさまざまな交配の中から、「それなりに評価できる候補」を5種に絞りました。

　とはいえ、精米時に割れる割合を示す砕米率が存外高かったり、収穫量が少なかったりと、何かしらのデメリットに悩まされました。

「画期的な成果」

　さらに、これらの難点をクリアしても、今度は肝心の試験醸造で味わいと香りが「イマイチ」とはねられるケースも一再ではなかったのです。

　それでも粘り強く研究を重ねた結果、出来上がったのが「石川酒68号」、その後の愛称「百万石乃白」でした。50パーセントに精米しても砕米率は、「山田錦」を下回りました。10アール当たりの収穫量は532キロと、「山田錦」の472キロを1俵(60キロ)上回りました。まさに「画期的な成果」を得たのです。

手植えした「百万石乃白」の苗を見守る畑中さん
＝県農林総合研究センター農業試験場(2020年5月)

特長1：晩生《おくて》の酒米品種

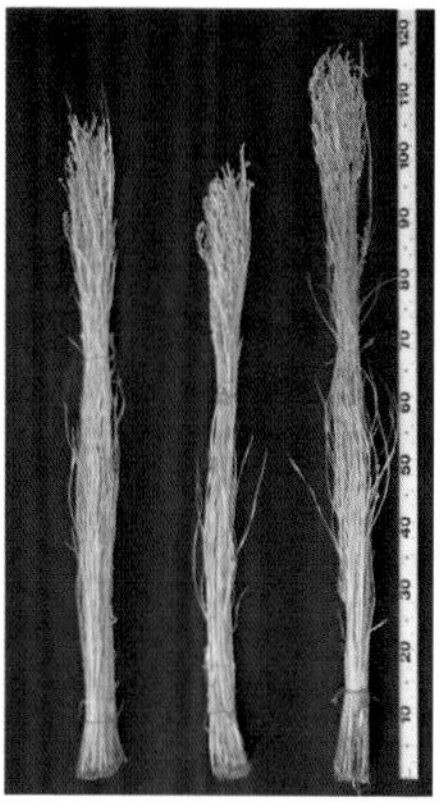

百万石乃白　五百万石　山田錦

- 成熟期は山田錦より7～10日程度早い
- 山田錦に比べ稈長《かんちょう》、穂長が短い

品種名	出穂期（月/日）	成熟期（月/日）	稈長（cm）	穂長（cm）	穂数（本/㎡）
百万石乃白	8/9	9/19	93	19.8	492
五百万石	7/21	8/28	82	21.7	340
山田錦	8/15	9/28	104	21.2	396

品種名	精玄米重（kg/10a）	玄　米 千粒重（g）	玄米ﾀﾝﾊﾟｸ質 含有率（%）
百万石乃白	508	26.0	6.6
五百万石	518	25.7	7.3
山田錦	428	26.8	7.6

注1）玄米タンパク質含有率 ： 含水率15%換算値
注2）2014～15 年系統生産力検定、2016～20 年奨励品種決定基本調査の平均値

「百万石乃白」の特長

「百万石乃白」の特長は次の4つです。数値比較には県内でよく栽培、使用されている「五百万石」と「山田錦」を対象にしました。

特長1 ＝上の表

「百万石乃白」は「山田錦」に比べて成熟期（収穫期）が7日～10日程度早い晩生《おくて》の稲で、稈長《かんちょう》（茎の長さ）が短めで、穂の長さは短いが、穂数は多い。成熟期は「百万石乃白」が9月19日、「山田錦」は9月28日と9月中～下旬となる晩生に対し、「五百万石」は8月28日と早生《わせ》である。稈長は、「五百万石」が82センチと3品種の中では最も短く、「百万石乃白」は93センチと「山田錦」の104センチより短く、倒伏しにくい。精玄米重（収穫量）は「山田錦」より多く、雑味の原因となる玄米タンパク質含有率が2品種よりも低い。

特長2 ＝次ページ上

酒米の特長の一つである心白（米粒の中心にある白濁部分）が比較的小さい。「山田錦」の心白が米粒のほぼ真ん中に存在するのに対し、「百万石乃

特長2：心《しん》白《ぱく》が小さい

品種名	発現率（%）	形状：点状	線状	眼状	腹白状	無心白	点＋線
百万石乃白	44.9	20.0	5.1	13.0	6.8	41.5	25.1
五百万石	71.4	2.7	5.9	48.7	14.2	3.2	8.6
山田錦	74.2	17.7	7.8	37.5	9.4	14.5	25.5

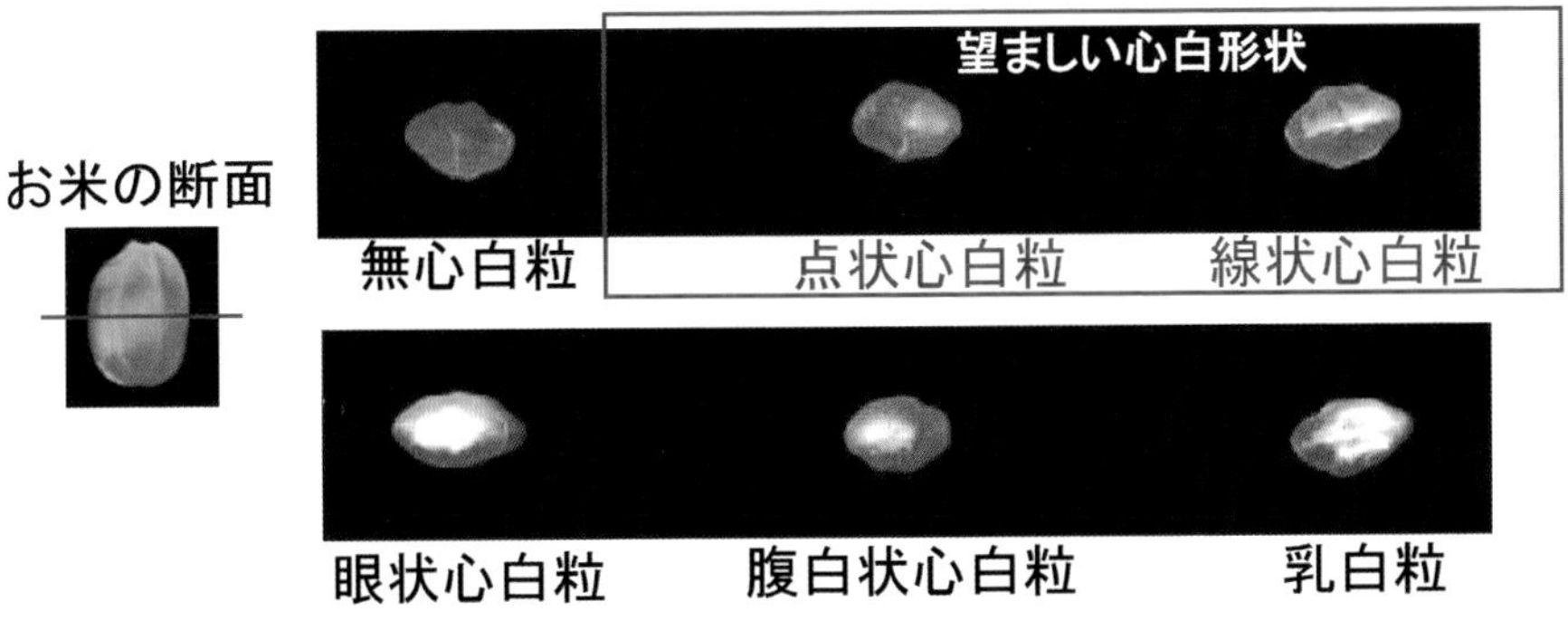

白」の心白は真ん中にあるが、「山田錦」よりも小さかったり、心白の発現が全くないものも少なくない。

特長3

＝次ページ

高度精米しても割れにくい。大吟醸酒をつくる際、玄米を表面から50パーセント以上削り取る精米を施す。これにより米が割れる割合（砕米率）が、16年産では「五百万石」が約33パーセントに対し、「山田錦」は約19パーセント、「百万石乃白」は約9パーセントと低かった。それが18年産になると、「五百万石」は約16パーセントと半分以下になったものの、「百万石乃白」は約6パーセントと栽培年次を問わず低いのが特徴となっている。

特長4

＝次ページ

すっきりとした味わいの、フルーティーな香りの酒ができる。「百万石乃白」は雑味の原因となる、米に含まれているタンパク質が少ないため、醸造した日本酒はすっきりした飲み口になる。また、リンゴや洋ナシのような香り（カプロン酸エチル）や、バナナのような香り（酢酸イソアミル）の成分がほかの品種に比べて多くなるため、フルーティーな香りの日本酒になる。

特長3：高度精米しても割れにくい

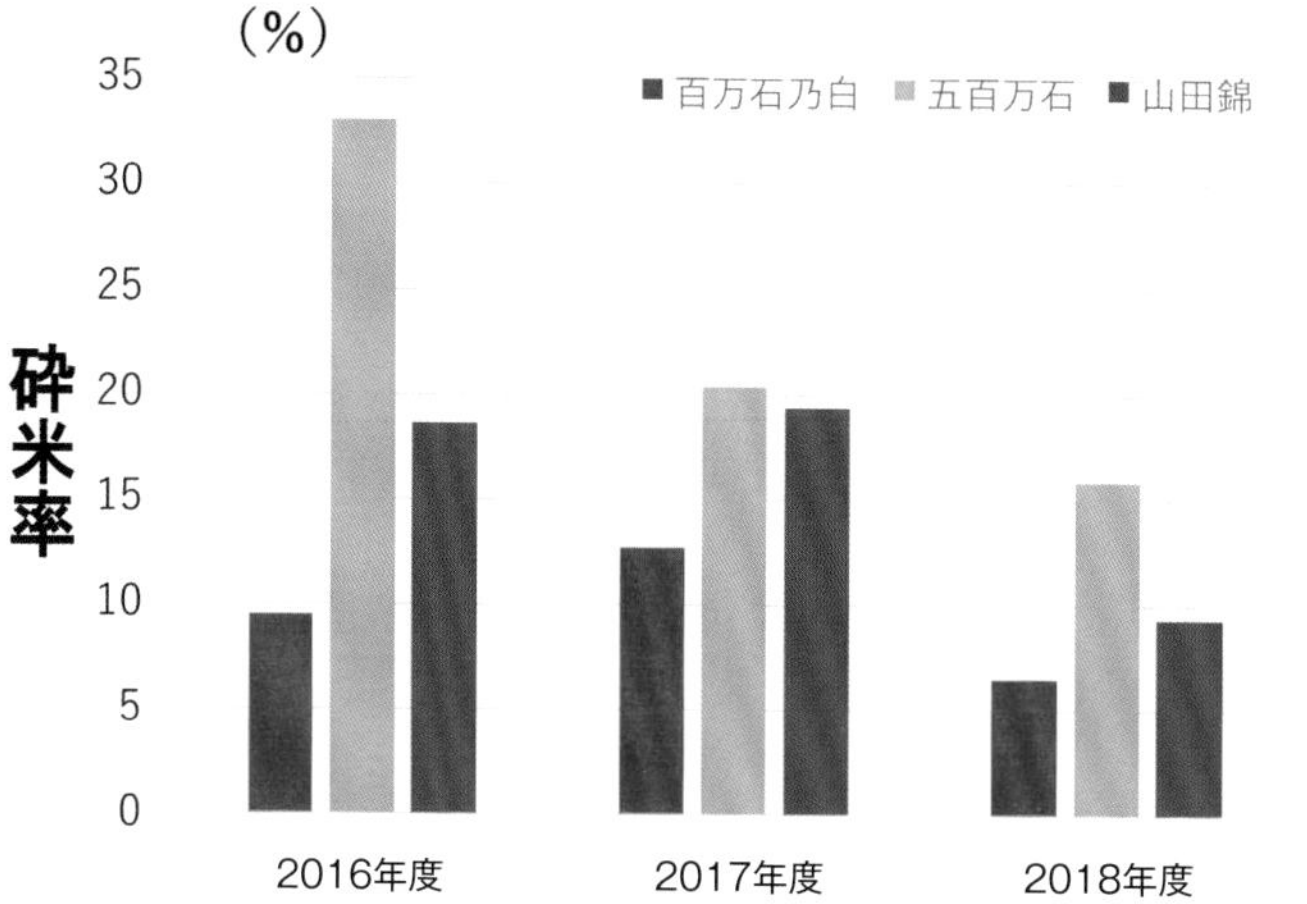

50％精米時の砕米率

上段：玄米
下段：50%精米

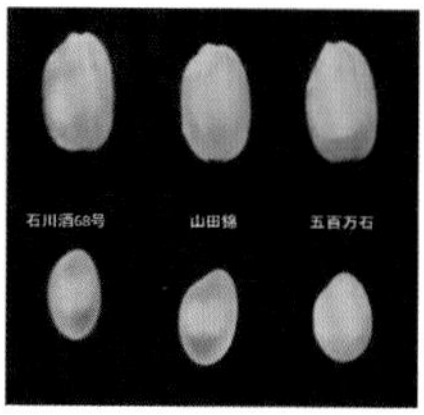

百万石乃白　山田錦　五百万石

特長4：すっきりとした味わい、フルーティーな香りの酒ができる

○雑味の原因となる原料米に含まれるタンパク質が少ない

⇒　造った日本酒はすっきりした味わいになる

○造ったお酒には、リンゴや洋ナシのような香り（カプロン酸エチル）やバナナのような香り（酢酸イソアミル）といった香りの成分が多い

⇒　造った日本酒はフルーティーな香りになる

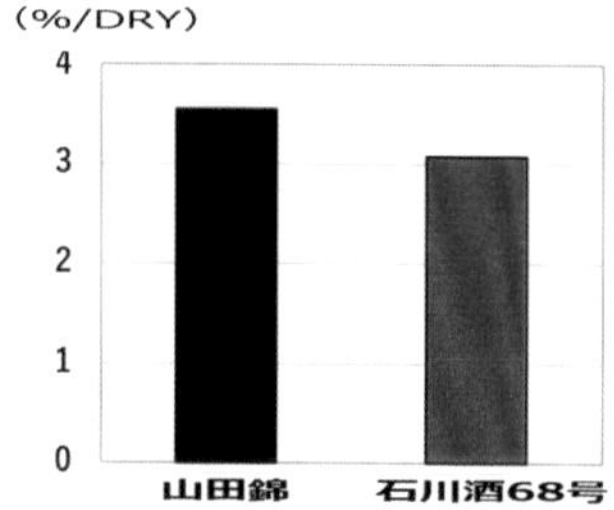

図：50%精米時のタンパク含有率

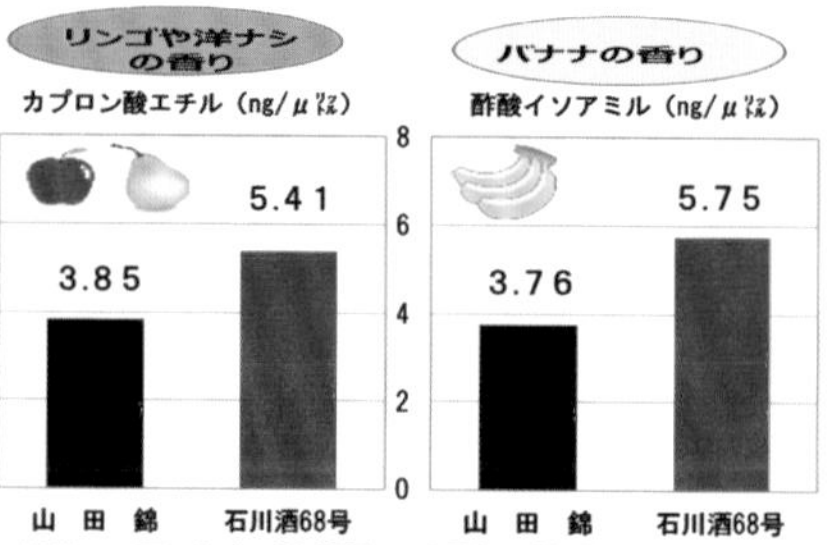

図：できたお酒の香り成分量

（いずれも2016、17年度調査、香り成分は（独）酒類総合研究所調査）

水稲品種「石川酒68号」の育成と試験醸造経緯

年度	育成経過	主な試験項目
2005 (平成 17)	交配の実施。「山田錦」を母、「'05 酒系 83」を父として交配し交雑種子 4 粒を得た。	交配の計画、実施
2006 (平成 18)	交雑種子 4 粒の苗を水田に移植し、3 個体を採種	交配第 1 世代の水田での養成
2007 (平成 19)	世代促進温室内で交配第 2 ～ 4 世代の養成を行った。	集団養成
2008 (平成 20)	交配第 5 世代の養成、選抜。360 系統を穂系統として養成し、4 系統 4 個体を選抜	水田での養成と選抜 (穂別系統選抜)
2009 (平成 21)	交配第 6 世代の養成・選抜。4 系統を養成し、1 系統 4 個体を選抜した。	水田での養成と選抜
2010 (平成 22)	交配第 7 世代の養成、選抜。4 系統を養成し、1 系統 4 個体を選抜した。	水田での養成と選抜
2011 (平成 23)	交配第 8 世代の養成、選抜。4 系統を養成し、1 系統 4 個体を選抜した。予備系統名「予 505」と付名。福光屋で精米 300 グラムを試験醸造	水田での養成と選抜 収穫量検定予備試験、 小規模醸造試験を開始
2012 (平成 24)	交配第 9 世代の養成・選抜。4 系統を養成し、1 系統 4 個体を選抜した。やちや酒造で精米 30㌔を試験醸造	水田での養成と選抜 収穫量検定 中規模醸造試験を開始
2013 (平成 25)	交配第 10 世代の養成・選抜。4 系統を養成し、1 系統 4 個体を選抜した。	水田での養成と選抜 収穫量検定 中規模醸造試験
2014 (平成 26)	交配第 11 世代の養成・選抜。4 系統を養成し、1 系統 4 個体を選抜した。	水田での養成と選抜 収穫量検定 中規模醸造試験
2015 (平成 27)	交配第 12 世代の養成・選抜。4 系統を養成し、1 系統 12 個体を選抜した。「石川酒 68 号」と付名	水田での養成と選抜 収穫量検定 実用規模醸造試験
2016 (平成 28)	交配第 13 世代の養成・選抜。4 系統を養成し、1 系統 12 個体を選抜した。「石川酒 68 号」をやちや酒造、小堀酒造店で試験醸造	水田での養成と選抜 奨励品種決定基本調査 有望品種集団栽培 実用規模の醸造試験
2017 (平成 29)	「石川酒 68 号」をやちや酒造、小堀酒造店、数馬酒造で試験醸造	
2018 (平成 30)	櫻田酒造、数馬酒造、白藤酒造店、やちや酒造、福光屋、車多酒造、吉田酒造店、小堀酒造店、加越、西出酒造の 10 蔵で実用試験醸造	

（県農林総合研究センター農業試験場作成）

我ら先駆け、競う加能人たち

「百万石乃白」研究会の設立総会であいさつする林勝洋会長（中央）
＝県農林総合研究センター農業試験場

27農家で研究会を組織
ブランド酒米へやる気満々

２０２０（令和２）年７月14日、石川県産の酒造好適米「百万石乃白」を生産する農家や関係者が集まり、「百万石乃白」研究会が発足しました。11年かけて開発した新酒米を、文字通り、能登から加賀までの県内27生産農家が切磋《せっさ》琢磨《たくま》しながら品質の優良性、均質性を図って県内に発信していくのが狙いです。

県農林総合研究センター農業試験場で開かれた研究会の設立総会には、生産者、JA、県の関係者らが出席しました。「石川酒68号」の最終試験栽培を行った18年は作付面積が６ヘクタールだったのが、本格栽培１年目の19年は醸造した日本酒の出荷を始めたため、約２倍の13ヘクタールと増え、さらに翌年23ヘクタールと、１年ごとに倍増する勢いで拡大した経緯が報告されました。

会長に就任したのは白山市

長島町の有限会社ハヤシ代表の林勝洋《かつひろ》さん(62)です。「県が10年以上もかけて開発した酒米ですから、私ら農家が頑張って軌道に乗せんなんと思いました」。発足時の抱負をこう振り返り、さらに「この酒米は大化けする可能性を秘めています。作り方次第で、今までになかった酒米になり得る」と語り口を強めます。作り方とは、例えば施肥の時期や量であったり、さまざまであるとします。

18(平成30)年から「百万石乃白」を作り続けてきた実感です。作付面積1ヘクタールから始めましたが、今や3倍の3ヘクタール。県農林総合事務所、JA松任の担当者とともに、田植えから稲刈りまでかなりの精力を注ぎます。

「百万石乃白」の伸びしろが大きいとみる理由は、「心白が小さい、あるいは無心白の米が多いこと」。酒米の特長である心白はもろく割れやすい部分ですが、「百万石乃白」は割れにくいため、50パーセントを超える精米が必要な大吟醸酒からあまり削らない純米酒まで幅広いタイプの日本酒ができるということです。

実は林さんは、若い頃、隣接する集落の安吉にある吉田酒造店で蔵人を務めました。5年ほどですが、それ以来、本業の米作りで酒米にひとしお愛着をもってきたと回顧します。従来は「石川門」、「五百万石」の生産を手掛けてきました。晩生《おくて》の酒米でいいものがないかと探していた折、「石川酒68号」すなわち「百万石乃白」との出会いがあったとします。

まさに「飛びついた」(林会長)動機として、稲本来の特長を指摘します。「百万石乃白」は台風シーズンの9月中旬から10月初旬に収穫期を迎える晩生ですが、茎が太いため倒伏する恐れがほとんどないというのです。近年のコンバインは高性能で、倒伏で水に漬かったとしても稲を起こして

JA松任の営農担当員と「百万石乃白」の成育ぶりを話し合う林勝洋会長(右端)
=白山市長島町の有限会社ハヤシ所有の水田

能登に加賀に栽培の輪

年経るごとに農地も拡大

秋晴れの下、「百万石乃白」を収穫した福島一男さん（左）。奥には稼働中のコンバイン＝金沢市古屋谷町

収穫できますが、倒伏がないのに越したことはありません。

生産４年目、会発足２年目にあたり林さんは、細長い県土で地形、気候が異なる中、米の均一性を目指したいと次なる課題を示します。

県農林水産部によると、20年４月から「百万石乃白」を使った清酒が販売されるようになりました。20年度は27生産農家が「百万石乃白」を99トン収穫。21年度は２農家減り、25農家が25ヘクタールの農地で約１００トンの収穫を見込んでいます。

「百万石乃白」研究会の次なる課題は品質の均一化です。しかし、そう単純なものではありません。というのも、「百万石乃白」の生産農家が能登から加賀まで広がりつつある中で、『百万石乃白』の特長を保持し、アピールしていくのは将来を見据えると大事だが、まだ始まったばかりで、あまり厳密に生産に条件を課すのは良くない」との議論が研究会の中に少なくないから

次なる課題は米の均一化　だが「地域の個性」尊重

です。

「蔵元の身になって」

研究会副会長で、志賀町で㈱ゆめうららを経営する裏貴《たか》大《ひろ》さん(34)が語ります。均一性は11年かけて作られた「百万石乃白」そのものにあるとした上で、「石川の生産農家が県内の蔵元さんの意見を聴き、その身になって考えながら各地域に合った『百万石乃白』をつくっていくことが大事でしょう」と力説します。加えて秋の収穫に責任を持つべきだとも言います。

裏さんは能登町の数馬酒造とタイアップして約10年前から「山田錦」を生産してきました。しかし、なかなか思うにまかせず、「百万石乃白」がデビューする前の17年に早々と能登地区初の試験栽培に手を挙げました。当初の作付面積は約30アール。それが年々広がり、約3倍の1ヘクタール弱で栽培しています。

増産を続ける理由として、倒伏しにくく、つくりやすい特長を挙げます。玄米の粒が大きく高度精米できると数馬酒造から喜ばれている高品質もたたえます。JAを通して数馬酒造に卸しており、「これからのうちの酒米の核になる予感がする」と意欲満々です。

倒伏もなく無事収穫

21年9月20日、「敬老の日」。金沢市北東の中山間地、古屋谷町の農業、福島一男さん(75)は65アールの「百万石乃白」の稲刈りを行いました。福島さんは、「石川酒68号」と呼ばれた5年前の試験栽培から携わっており、20、21両日の収穫は約3・5トン。福島さんは「倒伏被害もなく、無事、収穫できました。まだまだ手探りですが、頑張ります」と喜びに浸りました。

金沢の棚田で挑戦

同じく北東部の中山間地の棚田《たなだ》で「百万石乃白」に挑戦しているのは、不室町《ふむろまち》の山本英一《えいいち》さん(69)です。20年に作付面積30アールで始め、21年40アールに拡大。酒米栽培はここ10年ほど「石川門」を栽培してきましたが、20年から「百万石乃白」、21年には「五百万石」も加えました。

「穂株小さめ」がコツ

白山市の農業法人北辰農産を経営している代表理事の舘《たち》喜洋《よしひろ》さん(38)は、水稲生産を主に加工品製造など六次産業化も図っています。「百万石乃

まだまだ手探り 県の指導仰ぎつつ

白」については20年から始め今年は2年目。作付面積は60アールと変えず、初年度で格付けが1等だったので、40キロ超の収量と質を磨いていきたいと静かな闘志を燃やします。そのためには稲株を小さめに抑え、穂の数を抑えて、全ての粒に均一に栄養が行き渡るよう育てよとの県のアドバイスをしっかり守り、肥料も少なめにするのが栽培の秘訣だとしました。

「きっと人気高まる」

同じく加賀地区、小松市古府町の太田吉晃《よしてる》さん(47)は、19年から生産を始めました。当初40アールだった作付面積は20年は65アール。当初2トンの生産量は2年目もほぼ同量でした。検査格付けでは19年産が2等、20年産は1等。「初年度は右も左も分からぬ手探り」でしたが、少しずつ米の特性を把握しつつあるそうです。ＪＡの買い取り価格も主食用のコシヒカリとほぼ同じであることから、今はコロナ禍で日本酒需要が伸び悩んでいても「きっと人気が高まる」と夢を膨らませて励んでいます。

1等米からスタート

加賀市南郷町の津川与史寿《つがわよしひさ》さん(43)は個人農家として「百万石乃白」の栽培を72歳の父とともに行っています。「ひやくまん穀」などの主食用の「うるち米」とともに作付しており、20年の初挑戦でいきなり1等米の評価を受けました。「いい滑り出し」と満足しており、当初70アールで始めたのを、21年は約1ヘクタールに拡大。「特性が少しは分かってきたので、頑張りたい」と意気軒高です。

「これからの主流」

輪島市町野《まちの》町粟蔵《あわくら》で19年から「百万石乃白」を生産しているのは粟蔵水稲㈱代表の宇《う》羅《ら》恒雄《つねお》さん(77)です。「まだ導入3年目で県の指導を仰ぎつつ作っています」としながらも、これからの酒米の主流になる存在とみています。現在、当初の2倍の2ヘクタールに作付面積を広げました。

「何とか軌道に」

一方、前述の裏さんと同様、酒蔵とタイアップして生産しているのは珠洲市岩坂町の瀬《せ》法司《ほうじ》公和《きみかず》さん(41)です。20年に初めて「百万石乃白」栽培に取り組みました。作付面積は60アールで21年も変わりま

珠洲の耕作放棄地再生
蔵元が一貫の酒づくり

せん。当初は全く手探りで長雨が原因の病原菌に侵されはしましたが、何とか一定量を収穫し、21年は栽培法を県の指導を得て修正しながら進めています。「難易度からすると難しいと思いますが、県が推奨する銘柄でもあり、うまく軌道に乗せたい」と抱負を述べました。

　同市内の宗玄酒造と取引関係にあり、これまで「石川門」を卸してきました。「百万石乃白」は同酒造から出来次第とされているので、ほかの「うるち米」と同様、品質第一で臨みたいとしています。

　その宗玄酒造は20年から、同市宝立町《ほうりゅうまち》の耕作放棄地約1ヘクタールで「百万石乃白」の自社生産を行っています。初年度は玄米3トンを収穫し、さっそく「SILK《シルク》 NOTO《ノト》」を醸造し、コロナ禍にも順調に売上を伸ばしました。

　徳力暁《とくりきさとる》蔵元(71)によると、宗玄酒造の蔵人や営業部員も動員して酒米づくりに当たらせることで、「一貫した酒づくり」の意識を高め、どちらかといえば仕事が少なくなる夏場対策としても効果的とします。田植えから雑草取り、稲刈りまで約10人ほどで従事することで社員の連帯意識も芽生えてきたとしています。

　現在はコロナ禍で大変ですが、徳力社長は「夜明けの来ない夜はないのたとえ通り、必ずコロナ終息の時がきます。その時へ向けて、醸造はもとより酒米づくりにも頑張ります」と抱負を語りました。

宗玄酒造の水田で収穫した「百万石乃白」の稲穂

山合いの耕作放棄地を再生した宗玄酒造の「百万石乃白」の水田＝珠洲市宝立町(2021年7月)

デビュー早々海外で金賞「クラマスター」連続受賞

クラマスター金賞の賞状を掲げる神谷昌利社長=やちや酒造

「百万石乃白」で醸《かも》した清酒が販売されるようになった2020年、金沢市のやちや酒造が出品した「加賀鶴 純米大吟醸68号」が、フランス唯一の日本酒コンクール「クラマスター」の純米大吟醸部門で金賞を受賞しました。68号というのは元の「石川酒68号」で醸造し、出品したからです。

最高賞のプラチナ賞ではなかったものの、海外のメジャーコンクールの一つで、神谷昌利社長は「幸先《さいさき》よしのスタートを切ることができました。『百万石乃白』は、今後のうちの攻めの酒米になります」と喜びもひとしお。この酒米の開発当初から県農林総合研究センター農業試験場とともに携わってきた試験醸造の道のりを振り返り、未来への夢を膨らませました。

「百万石乃白」は大吟醸酒向けとして開発されただけに、フランスの歴史的食文化である「食と飲みものの相性」に重点を置くクラマスター受賞は、食中酒への展望を切り開く酒米として認められたと称賛する声も少なくありません。

そして翌21年、またもや「百万石乃白」を醸した県内酒蔵の清酒がクラマスター金賞を受賞したのです。一つは純米大吟醸部門で加賀市の鹿野酒造の「常きげん 純米大吟醸 百万石乃白」、もう一つは純米酒部門で輪島市の白藤《はくとう》酒造店の「奥能登の白菊 純米吟醸 百万石乃白×山田錦」です。

「ワイングラスで酒」も

さらに同年、「ワイングラスでおいしい日本酒アワード2021 プレミアム大吟醸部門」で、能登町の数馬酒造の「竹葉 百万石乃白 大吟醸」が金賞を受賞しました。

まだ市場デビュー2年目で相次ぐ快挙は、各蔵元の努力はもちろんのこと、「百万石乃白」の酒米としての実力を早くも示し始めたと言えるのではないでしょうか。

県内24蔵が「百万石乃白」の酒

「百万石乃白」が清酒となって市場デビューした20年は県内の20蔵が出荷し、県酒造組合連合会によると、四合瓶《よんごうびん》（720ミリリットル）換算で7万5千本ほどの推定生産量となりました。

20蔵は試験醸造先として先陣を切った金沢市のやちや酒造はもとより、県内を北から順に、珠洲市では櫻田酒造、宗玄酒造、能登町では松波酒造、鶴野酒造店、数馬酒造、輪島市では日吉酒造店、白藤酒造店、中島酒造店、羽咋市では御祖《みおや》酒造、金沢市ではやちや酒造のほか福光屋、中村酒造、白山市では東多酒造、吉田酒造店、小堀酒造店、能美市では宮本酒造店、小松市では東酒造、加越、西出酒造、そして加賀市で鹿野酒造です。

21年にはさらに4蔵増えて約7割の24蔵となりました。4蔵は輪島市の清水酒造店、中能登町の鳥屋酒造、津幡町の久世酒造店、そして金沢市の武内酒造店です。県酒造組合連合会によると、さらに22年春までに27蔵となりそうで、もはや県内酒蔵の8割に迫る勢いです。

これら酒蔵の杜氏らから聞こえてくる「百万石乃白」の感想は「きれいな、すっきりした味わいに仕上がる」「精米時にコメが割れる率が低く、酒をつくりやすい」とすこぶる良好です。

「百万石乃白」で醸した清酒のお披露目会＝金沢市内のホテル（2020年9月29日）

清酒づくり 県内24蔵

純米大吟醸 大慶 百万石乃白

珠洲市
櫻田酒造

とても素直な酒米です。醸す酒はやわらかでやさしい味わいです。

精米歩合　50%

SOGEN SILK NOTO 純米大吟醸

珠洲市
宗玄酒造

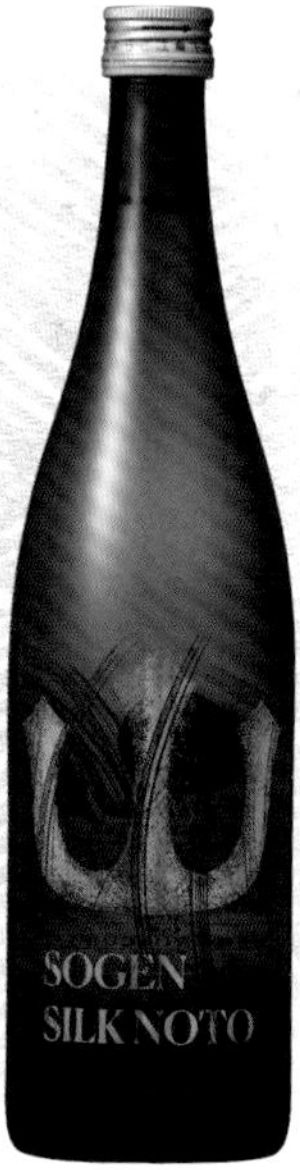

奥能登の自社栽培米で醸造。シルクのような滑らかな味わい。

精米歩合　50%

大江山 純米大吟醸 百万石乃白

能登町
松波酒造

令和時代より新しい挑戦として醸す。たおやかな香り。

精米歩合　50%

谷泉 純米吟醸 百万石乃白

能登町
鶴野酒造店

女性杜氏が手間を惜しまず愛情たっぷりに醸しました。

精米歩合　55%

竹葉 百万石乃白 大吟醸

能登町
数馬酒造

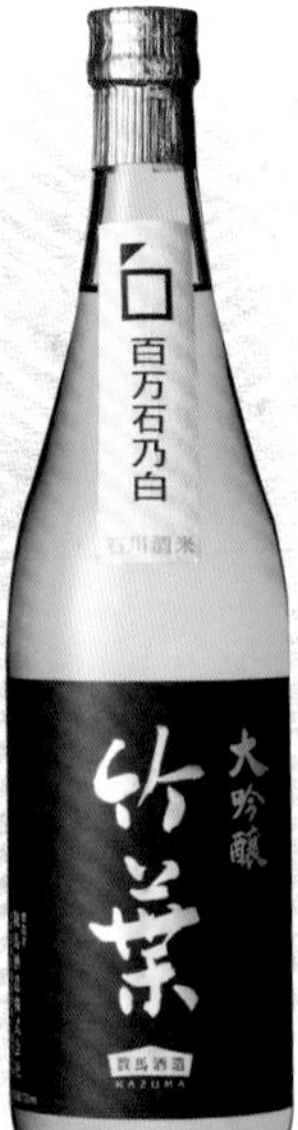

華やかながら落ち着いた吟醸香と心地よいふくらみのある酒です。

精米歩合　50%

純米吟醸 能登誉 百万石乃白

輪島市
清水酒造店

淡麗な味わいのスッキリ飲み口、食中酒としてぜひお楽しみください。

精米歩合　50%

「百万石乃白」で

純米吟醸 おれの酒 Shiro

輪島市
日吉酒造店

甘めですが、旨みものったすっきりした味わいに仕上げました。

精米歩合　50%

奥能登の白菊 純米吟醸 百万石乃白

輪島市
白藤酒造店

雑味が少なく、クリアな味わいに仕上がりました。酒米の個性を大切に。

精米歩合　55%

能登末廣 純米酒 百万石乃白

輪島市
中島酒造店

百万石乃白の旨味が感じられる、お食事に合わせやすい純米酒に仕上げました。

精米歩合　50%

純米吟醸 池月 百万石乃白

中能登町
鳥屋酒造

加賀能登の美味しい食材と合うよう、後味のキレの良いお酒としました。

精米歩合　55%

遊穂 生酛《きもと》純米 百万石乃白

羽咋市
御祖酒造

お酒もラベルも徹底的に石川県らしさを表現した1本です。

精米歩合　68%

長生舞「白の大吟」～百万石乃白 大吟醸～

津幡町
久世酒造店

当社で初めて取り扱った「百万石乃白」を使用した大吟醸のお酒です。

精米歩合　40%

清酒づくり県内24蔵

加賀鶴 純米大吟醸68号 百万石乃白

金沢市
やちや酒造

開発、試験醸造から携わった待望の新酒米。精魂込め仕上げました。

精米歩合　40%

純米大吟醸40 御所泉 百万石乃白

金沢市
武内酒造店

地元金沢でもなかなか手に入らない「幻の酒」にご期待ください。

精米歩合　40%

加賀鳶 純米大吟醸46 百万石乃白

金沢市
福光屋

百万石乃白を46（シロ）%に磨き上げ、金沢酵母で醸したオール石川の加賀鳶。

精米歩合　46%

is68 百万石乃白 純米大吟醸

金沢市
中村酒造

「地」を愛し、この地の素材、旨みを引き出す酒づくりを目指します。

精米歩合　50%

天狗舞 COMON 純米大吟醸

白山市
車多酒造

軽い口あたりの後に心地よい旨味が感じられる、天狗舞の新しい味わい。

精米歩合　50%

手取川 純米大吟醸 生原酒 百万石乃白

白山市
吉田酒造店

クリアな味わいとミネラル感が特徴のなめらかなお酒です。

精米歩合　50%

「百万石乃白」で

萬歳楽 百万石乃白 純米大吟醸

白山市
小堀酒造店

華やかでありながらもフルーティーな吟醸香と味わい。

精米歩合　40%

夢醸 特別純米酒 百万石乃白

能美市
宮本酒造店

試行錯誤の毎日ですが、楽しみながら酒と夢を醸しています。

精米歩合　60%

神泉 純吟乃白

小松市
東酒造

石川県産の原料米にこだわり、皆様に愛されるお酒を造っていきたい。

精米歩合　55%

加賀ノ月 百万石乃白 純米大吟醸原酒

小松市
加越

さっぱりしていても米の旨味があり、「石川」を感じるお酒です。

精米歩合　50%

HARUGOKORO 特別純米酒

小松市
西出酒造

新しい挑戦ができたことで既存商品のレベルアップにもつながりました。

精米歩合　60%

常きげん 純米大吟醸 百万石乃白

加賀市
鹿野酒造

穏やかな吟醸香と、まろやかでキレのある味わいです。

精米歩合　48%

愛称とロゴマーク決まる さあ県内外へ、海外へ

「百万石乃白」は、石川県が開発したブランド酒米の新品種「石川酒68号」の愛称です。北陸新幹線が開業した2015（平成27）年にまとまった量で試験醸造に入り、翌年、完成にこぎつけ、17年3月に農林水産省に品種登録を出願。

19年、県が愛称を全国に募集したところ2927件もの応募があり、厳正な選考を経て、20年1月に愛称を「百万石乃

これがロゴマーク

百万石乃白

松澤桂さん

「百万石乃白」のロゴマークは、金沢市在住のアートディレクター・デザイナー、松澤《まつざわ》桂《かつら》さんが制作しました。「百」と「白」の漢字をモチーフに、混じりけのない純粋さを表しています。

石川酒米「百万石乃白」を発表した谷本正憲知事（中央）と県酒造組合連合会の代表者＝2020年1月、石川県庁知事室

白」に決定しました。「百万石」は加賀百万石にちなみ、「白」は混じりけのない純粋なさま、清酒の仕込み時期の雪景色をイメージしています。

一方、「百万石乃白」のロゴマークは20年4月、決定しました。東京から金沢に移住したデザイナーの松澤桂《まつざわかつら》さんが制作しました。

コンセプトは「百万石乃白」の象徴たる「百」と「白」の漢字をモチーフに、酒米の特長である混じりけのない純粋さを表しています。「白」は古来より太陽の色と言われており、紅白や花嫁衣装の白無垢《むく》など、日本人にとって神聖な色である「白」の美しく凛《りん》としたイメージを表現したそうです。また、四角の空間により、さまざまな物事が始まる入口を表現。

これにより、「百万石乃白」から個性豊かな彩りある日本酒が生まれるさまを表したとします。四角の空間には、自由にメッセージや思いを寄せることができるようにとの願いも込めたようです。

例えば、輝かしい未来への入口を意味するとか、四角が升に見えるので、「福が増す」との想いを込めるなどとしています。

松澤さんは1979（昭和54）年、酒どころの新潟県生まれで、金沢アートディレクターズクラブ賞のグランプリ、準グランプリ、ADC賞などの受賞歴があります。

ロゴマークは「百万石乃白」を100％使用している清酒のみ使用できます。

20歳前後の学生から「百万石乃白」を使った清酒の販促アイデアが相次いだ特別授業=県立大学

販促でアイデア相次ぐ 県立大授業で学生から

市場デビューの翌21年7月、「百万石乃白」をテーマにした特別授業が、石川県立大学(野々市市末松1丁目)の生物資源環境学部食品科学科で行われました。

同学科の小椋《おぐら》賢治教授(55)が2年生42人を対象に「食品科学演習」の一環として企画した特別授業です。「石川産の新しい酒米『百万石乃白』の登場を受け、若年層に向けた石川の地酒の販売促進」が狙いです。19、20歳の男女学生からさまざまなユニークで建設的なアイデアが出されました。

2日間行われた授業では、日本酒の基礎知識や近年のトレンド、酒米「百万石乃白」についての紹介があり、学生側から販促のアイデアが示されました。例えば▽ボトルにピンク色を使えばいい▽180ミリリットル(1合)びんも若者に受けるのでは▽パッケージもおしゃれなデザインで▽PRにSNSを活用すればどうか、などです。

最終日、講評した白山市の吉田酒造店の吉田泰之社長(35)は「私も若いと思っていましたが、二十歳《はたち》前後の彼らからは、考えもつかない貴重な意見をいただき、参考になりました」と総括しました。

「百万石乃白」の飲み比べ試飲会で香りと味を確認

コロナ禍が続く21年6月中旬、県産酒米「百万石乃白」を醸した清酒の販売を促す催事が金沢市で行われました。

16日には、日本ソムリエ協会石川支部のセミナー『「百万石乃白」の魅力を探る』がANAホリデイ・イン金沢スカイで開かれ、協会員約70人が「百万石乃白」の清酒を味わい、酒に合う料理との組み合わせを考えました。

テイスティングした日本ソムリエ協会の辻健一理事は「同じ『百万石乃白』でも、生産した土地や、酒蔵の醸造によって、味わいが全く異なります。海の幸、山の幸に恵まれた石川の地物との組み合わせが楽しめそうです」と感想を話しました。

翌々日の18日には金沢東急ホテルで、県産酒米で醸造した清酒17品の勉強会が開かれました。酒販店や飲食店の関係者が酒を飲み比べ、味の違いを確かめました。

県酒販協同組合連合会と県小売酒販組合連合会が7月に実施した県産酒米PRキャンペーンに先立つ企画で、県内17酒蔵が醸した「百万石乃白」「石川門」「五百万石」の純米吟醸酒や純米大吟醸酒が会場に並びました。

会場では、辻理事が「百万石乃白」の特長などを説明。会場には蔵元8社の代表も顔を見せ、各蔵の清酒に合う料理などについて「すっきり旨《うま》口」などと語り合う姿がみられました。

「百万石乃白」などを使った県産清酒17品を飲み比べする出席者＝金沢東急ホテル

コロナに負けず販促企画

「白」中心に4種コラボ

最新の「百万石乃白」を含めた県産酒米清酒をPRする「石川県産ブランド酒米飲みつくしキャンペーン」は21年7月5日から31日まで、県酒販協同組合連合会と県小売酒販組合連合会が主催、県の後援で開催されました。

県産酒米を使用した日本酒17蔵47商品を対象に①対象商品を4400円以上購入した人に応募用紙を1枚進呈し抽選で日本酒1本プレゼント②飲食店で対象商品と料理を合わせた写真を投稿すると抽選で素敵なプレゼント、などの企画です。豊田孝志両連合会事務局長によると、「結果は思ったほどではありませんでした」が、「今回はコロナ禍が長引き影響を受けたが、今後も時期をみながら『百万石乃白』を軸に、県産酒米の清酒販促キャンペーンを続けます」と意欲を示しました。

というのも、コロナ禍中ではあったものの、20年12月4日から21年2月いっぱい展開した「ぐいっと石川地酒キャンペーン」では、地酒300ミリリットル5本と酒米で造った地ビール300ミリリットル1本が入った4800セットを完売したという実績があったからです。

県酒造組合連合会によると、酒米「石川門」を使った清酒を醸している加盟酒蔵は9蔵あり、県内産の「五百万石」「山田錦」で醸造している蔵も相当数あり、4銘柄それぞれの特性を打ち出して販促に相乗効果を期待したキャンペーンは得策と言えそうです。

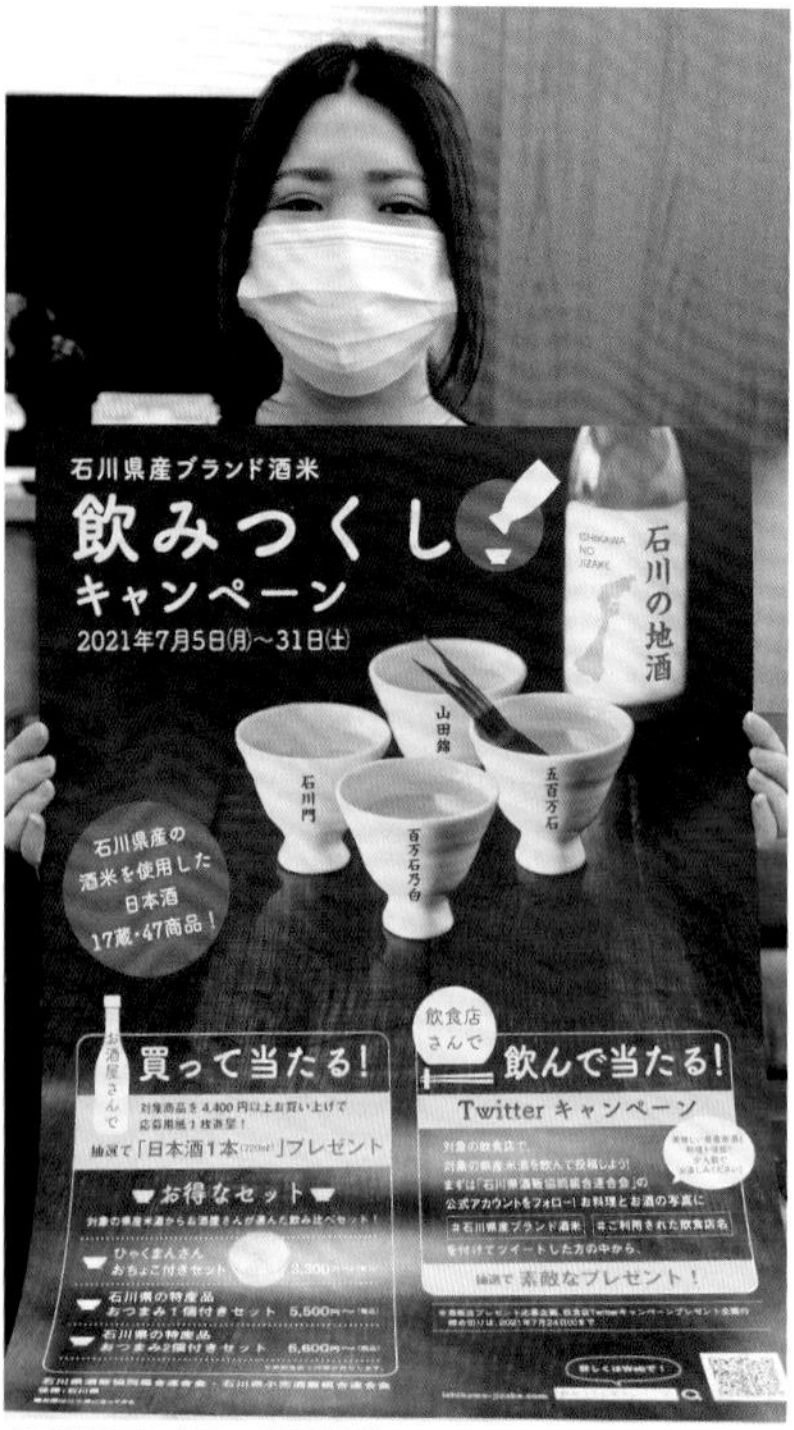

石川県産ブランド酒米飲みつくしキャンペーンのポスター=県酒販協同組合連合会

「白」小瓶に大きな期待

「金沢地酒蔵」の「百万石乃白」300ミリリットルコーナー＝JR金沢駅金沢百番街「あんと」

一方、県と県酒造組合連合会は、「百万石乃白」を使った清酒の、３００ミリリットル入り小瓶《こびん》商品を販売するキャンペーンを21年8月から始めました。飲み切りサイズにすることで、日本酒になじみの薄い若者や女性にも親しんでもらい、認知度向上と消費拡大を図るものです。

３００ミリリットル瓶は、日本酒商品の主流である７２０ミリリットル(四合)瓶の半分以下のミニサイズ。キャンペーンでは県酒造組合連合会加盟の16酒蔵が各２００本製造し、ＪＲ金沢駅の金沢百番街「あんと」にある「金沢地酒蔵」など県内20店舗と、東京・銀座の県アンテナショップ「いしかわ百万石物語・江戸本店」で取り扱っています。

県では、新型コロナウイルスの影響で、自宅で飲酒する機会が増えているとした上で、「飲みやすいサイズなので、普段お酒を飲まない人に、ぜひ試してもらいたい」と話し、「百万石乃白」を使った日本酒のファン層拡大を期待しています。

ちなみに最近の国内の酒販状況をみると、全国各地の名酒の３００ミリリットル瓶を６種以上組み合わせて中元・歳暮商戦のデパートの主力商品のひとつに据える傾向もあります。今後、県内でも同様の３００ミリリットル戦略が進化することも見込まれ、期待されます。

第2章 海を越えて市場開拓

石川産日本酒 世界へ

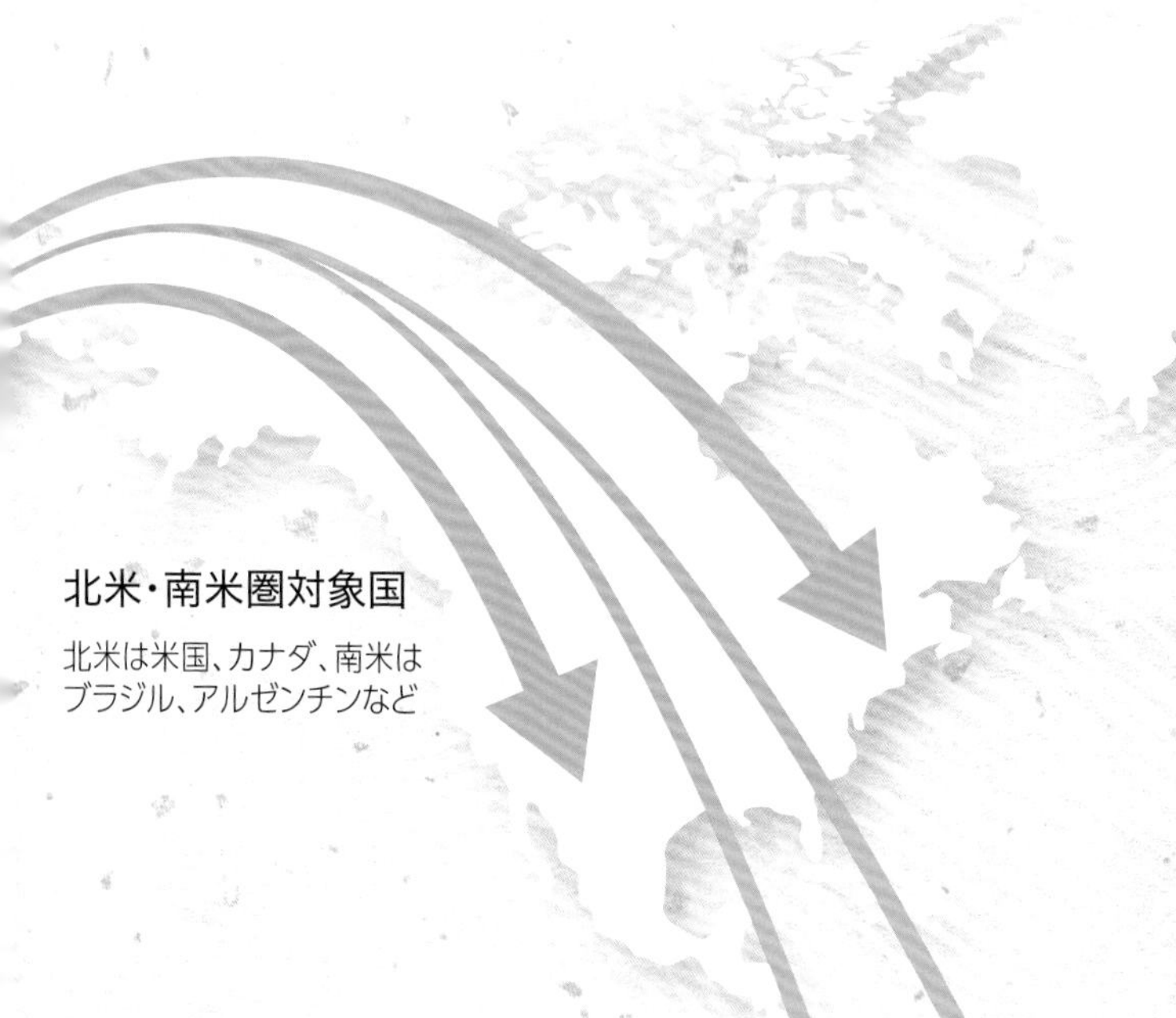

北米・南米圏対象国

北米は米国、カナダ、南米はブラジル、アルゼンチンなど

北は珠洲市から南は加賀市まで石川県内33蔵で醸造される日本酒は、県内外ばかりでなく海を越えて韓国、中国、台湾、東南アジア、豪州さらには北米、南米、欧州へと販路を広げてきました。もっか新型コロナウイルスの世界的感染で各国の需要は低迷していますが、一陽来復を期して、各蔵とも県内外での販売促進と合わせて、料理に合いワインとはまた違う「ジャパニーズ・サケ」の味わいに磨きをかけています。近年は欧州などで、日本酒の人気が高まっており、石川産酒がコンテストでプラチナ賞などを受ける機会も増えています。

近年、欧州輸出が増加

欧州圏対象国
英国、ドイツ、フランス、イタリア、スペイン、オランダ、スイス、スウェーデンなど
石川
アジア圏対象国
中国、韓国、台湾、香港、シンガポール、タイ、マレーシアなど
豪州圏対象国
オーストラリア、ニュージーランド

石川産の酒、欧州で販路拡大
英・仏・独で商談会成功

5つ星ホテル「リッツ・パリ」の豪華な大広間で開催された商談会＝フランス・パリ

新型コロナウイルスが出現する約半年前の2019（令和元）年5・6月、石川県産業創出支援機構（以下ISICO）の「いしかわ中小企業チャレンジ支援ファンド」事業を活用する県酒造組合連合会はISICO、県とともに、県産日本酒の欧州における販路開拓のため、英仏独の3カ国を訪問し商談会を開催しました。

日本と欧州連合（EU）の経済連携協定（EPA）が発効したばかりという経済的利点をテコに、県内外での日本酒需要が今一つの状況を打破するため、海外、とりわけ和食や日本酒の静かなブームが続く欧州に活路を見出そうと企画したのです。

ISICO理事長でもある谷本正憲知事は終了後、日欧間で活発になろうとする人とモノの往来を先取りしたとばかり「手応えはあった」と成功を強調しました。翌年、新型コロナウイルスが世界的にまん延し、もっか国内外とも日本酒需要は停滞状況にありますが、欧州市場開拓戦略が敷いた布石は揺るぎません。コロナ禍収束へ向けて、県酒造組合連合会とＩＳＩＣＯ、県の三位一体《さんみいったい》の軌跡をたどります。

「英仏独」の順に展開した商談会には、県酒造組合連合会の代表者が参加し出品した蔵11社、不参加ながら出品した蔵5社が県産清酒をアピールしました。イギリスではロンドンにあるホテル「ソフィテル・ロンドン・セントジェームス」、フランスではパリにあるホテル「リッツ・パリ」といずれも名高い5つ星ホテルで開催、ドイツではフランクフルトで加賀市出身の向出真由子さんが経営の日本酒バー「エポカ・サカバー」で行いました。

ホテル「リッツ・パリ」で開かれた商談会では、ゆったりとした豪華な会場に150人を超えるバイヤーやシェフ、ソムリエが集まり、県やＩＳＩＣＯの担当者が思わず顔を見合わせるほどの盛況。2時間の最初から最後まで商談は熱を帯び、閉会後も余韻の残る会場のあちこちで「酒談義」の花が咲きました。

3カ国ともに、その後の取引につながる積極的なやりとりがあり、蔵元たちもまた、確かな手ごたえを感じたようです。

石川産清酒を傾ける欧州の参加者相手に熱烈セールス＝ホテル「リッツ・パリ」

県酒造組合連、ISICO、県、スクラム組んで売り込み

5つ星ホテル「ソフィテル・ホテル」で欧州のバイヤーらに石川産清酒を売り込んだ商談会＝イギリス・ロンドン

3つの商談会を総括し、帰国後、当時の県酒造組合連合会の吉田隆一会長(現・吉田酒造店会長)は「三ヵ国の商談会で感じたのは、欧州で日本酒が高く評価されていることでした。大勢の関係者と情報交換し、石川産の日本酒は着実に前進できたと思っています」と成果を語りました。

中村太郎副会長(現・中村酒造社長)も帰国後、「弊社に複数の見積依頼が来ており、今後は、以前からの取引先と連携しながら、商談を進めます」と語りました。3つの商談会ともにほとんどの出品蔵元に見積依頼があり、参加した県内酒蔵の代表からは、「たくさんオファーが来た」との好反応を喜ぶ声が少なくありませんでした。

日本酒バー「エポカ・サカバー」で石川産清酒の魅力をアピールした商談会＝ドイツ・フランクフルト

ちなみにこの商談会に先立ち、出品する商品の統一基準が制定されました。

①アルコール度数をワイン並み15度未満に。

日本酒を欧州の人たちが楽しむ際、ワインと似た感覚で飲めるように気配り。ＥＵ各国で販売に伴いかかる酒税を抑えるのも目論みました。

②石川県内で栽培された酒米を使った酒。

フランスには、ブドウが育つ場所や気候、土壌などの環境の特徴を「テロワール」と呼んでワインの個性を大切にしていることから、いわば「石川版テロワール」をアピールしたのです。

③醸造アルコールを添加しない純米酒に限る。

国によっては醸造アルコールを添加すると、酒税が割高になるので、限定しました。

商談会に参加した県内の酒造会社11社はこの3条件をほぼ満たした酒を出品しました。

西岡氏が集客に貢献

3条件を提案し、現地の有力バイヤーが大勢集まって三ヵ国の商談会ともに、ほぼ成功を遂げたのには、わけがあります。ＩＳＩＣＯが前年開設した「欧州輸出チャレンジ支援ステーション」の海外セ

県とISICO、県酒造組合連合会、クラマスターの4者が交わした連携協定の締結書を掲げる谷本正憲知事（右から2人目）ら各代表＝フランス・パリ

仏クラマスターと連携協定締結

◀欧州商談会の集客に貢献した西岡宏氏（左）＝石川県庁知事室

ールスレップ（販売代理人）の西岡宏さんが大きく貢献したのです。

西岡さんはドイツ・デュッセルドルフに在住しており、チョーヤ梅酒のドイツ法人社長、日本貿易振興機構（ＪＥＴＲＯ）の海外コーディネーター（食品担当）などを務めて退職、現在、ジャパン・フーズ・インターナショナル取締役です。

商談会開催に先立ち、長年欧州で築いてきた人脈を駆使し、各国の日本料理店や日本食を扱う輸入業者をはじめ、現地資本の高級レストラン、食品卸会社などに幅広く働きかけて、商談会出席者を数多く集めたのです。

今回の訪欧で県産日本酒の販路開拓に直結する大きな成果は、県とＩＳＩＣＯ、県酒造組合連合会が、フランスで唯一日本酒コンクールを運営する「クラマスター」と交わ

した、欧州での石川の地酒PRに関する連携協定にほかなりません。クラマスターは、フランスの著名なホテルやレストランの、一流ソムリエら約100人が審査員を務め、2017年に始まった権威あるコンクールです。

パリ市内で行われた締結式では、谷本正憲知事が「クラマスター」を主宰する宮川圭一郎代表、グザビエ・チュイザ審査委員長と懇談。20年1月にクラマスターの審査員5人が日本酒文化の研修のため、石川を訪問する事業を決めました。谷本知事は「石川の酒づくりの工程と歴史を隅々までご覧いただきたい」と述べ、チュイザ氏は「石川訪問は新しいインスピレーションを得る機会になります」と期待を寄せました。

協定は、県とISICO、県酒造組合連合会、クラマスターの連名で締結され、締結式には吉田隆一県酒造組合連合会会長も同席しました。

県酒造組合連合会は、5月27日にパリ市内で開かれたこの年のクラマスター審査会の後、特別ブースを開設し、審査員らに県産の日本酒を試飲してもらいました。同ブースでPR役を務めた同連合会の車多一成理事（車多酒造蔵元）は「県産日本酒が食中酒としての秘めた力を高く評価してもらえたと思っています。今後も欧州で県産日本酒と料理の相性が良いことを広めていきたいです」とうれしそうでした。

クラマスターの審査会の後、特別ブースで行われた試飲会=フランス・パリ

欧州に照準 3つの理由

①酒の関税、完全撤廃

ＥＵへの輸出にかかる関税

分類	品目	発効前	発効後
食品	清酒	1リットルあたり10円	即時ゼロ
食品	しょうゆ みそ	7.7%	即時ゼロ
食品	加工食品（水産練り製品）	20.0%	即時ゼロ
伝統工芸品	陶磁器	5.0～12.0%	即時ゼロ
伝統工芸品	漆器	5.0%	即時ゼロ
繊維	衣料品	6.3～12.0%	即時ゼロ
機械	工作機械（ＮＣ施盤）	2.7%	４年目にゼロ

②和食ブームで高まる関心

県やＩＳＩＣＯ、県酒造組合連合会によると、欧州市場で販路拡大を図った理由は３つありました。

１つ目は19年２月に日本とＥＵ（欧州連合）の経済連携協定（ＥＰＡ）が発効し、従来、清酒などの輸出時に課せられた関税が完全に撤廃された貿易利点です。

２つ目は、世界的な健康志向の潮流を背景に安全安

③まだまだある拡販余地

心の日本食への静かなブームが起こり、「和食」の国連教育科学文化機関（UNESCO）無形文化遺産登録、欧州の訪日旅行客の増加などなど順風が吹いていることでした。

そして3つ目が、欧州市場にはこれまで日本酒が思うほど浸透しておらず、伸びしろが十分見込まれることでした。

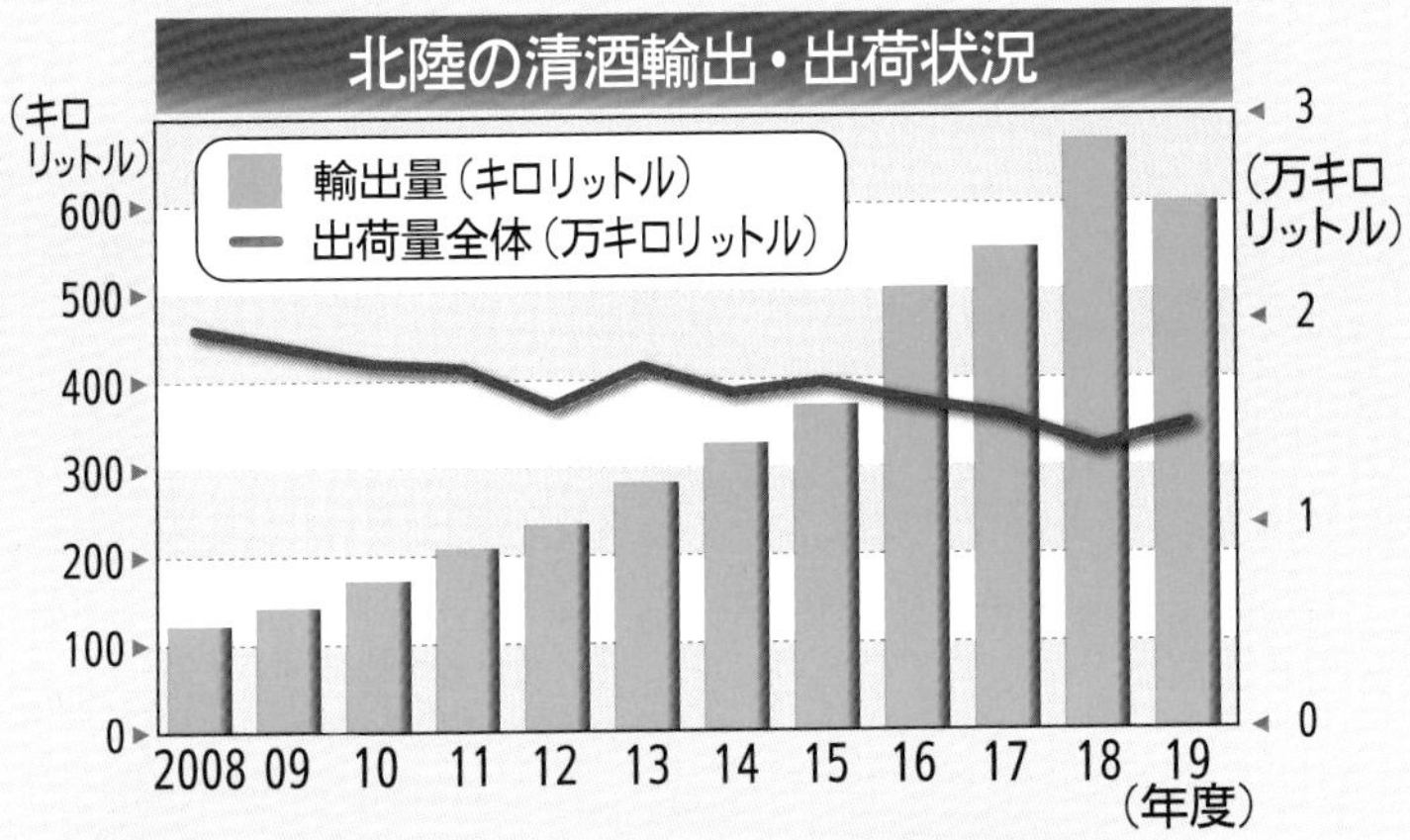

2018年度の北陸の酒輸出 過去最高、一升瓶37万本超

金沢国税局の21年9月1日現在のまとめでは、18年度の北陸三県における清酒輸出数量は、前年度比22・7パーセント増の670キロリットル（一升瓶《いっしょうびん》換算で約37万2千本分）で過去最高を更新しました。しかし、右肩上がりの実績も19年度はコロナ禍の影響で、前年度比10・8パーセント減の598キロリットルと暗転しました。

国内向けを含む出荷総量は19年度、前年度比0・076パーセント減の1万3788キロリットルと漸減傾向が続きます。

一方、北陸三県の75酒蔵が答えた同国税局のアンケートによると、18年に清酒を輸出した実績があるのは46酒蔵で、全体の6割を超えました。輸出先は17年より15多い73カ国・地域でした。台湾、シンガポール、香港が最多で、それぞれ31酒蔵が輸出しました。金額でみると、米国131億円、韓国111億円、中国65億円、台湾59億円の順でした。

合同試飲会に参加したクラマスター審査員=金沢市の金沢ニューグランドホテル

クラマスターが酒文化研修

審査委員長ら10人
酒蔵で香りや味わい実感

19年6月のパリでの4者協定に基づき、20年1月末、クラマスターを主宰する審査員らの石川酒文化研修旅行が行われました。「石川の地酒、酒づくり技術、食文化の魅力を欧州で発信し、石川地酒の販路拡大を図る」協定の趣旨を実現するための、締結後初めての研修旅行は多大な収穫を得たようでした。

一行は、クラマスター審査委員長でパリの五つ星ホテル「ホテル・デ・クリオン」シェフソムリエのグザビエ・チュイザ氏、世界ソムリエコンクール2位のダヴィッド・ビロー氏ら審査員6人と、宮川圭一郎クラマスター代表をはじめ事務局の4人など計10人。県内では1月28、29、30日の3日間、金沢、能登、加賀の酒蔵をはじめ、醤油味噌醸造蔵などを巡りました。

初日の28日、まず県庁に谷本正憲知事を表敬訪問。谷本知事が「石川の酒をじっくり味わい、輸出に協力していただきたい」と歓迎の言葉を述べたのに対し、チュイザ氏は石川の地酒がクラマスターで毎年、高評価を得ていることを紹介した上で「石川の酒づくりの環境を理解できれば欧州で提供する機会がさらに増えるでしょう」と語りました。

テーマ設け2019年受賞
4酒蔵を含む県内を視察

視察先へ訪問する前には、石川県の歴史や風土、金沢・加賀・能登と各地域における食文化などについてレクチャーを受け、石川の酒づくりと食文化との関係などに理解を深めました。

この後、石川の食文化と県内日本酒の相性を学ぶため、石川を代表する発酵食品の製造を行っている金沢市大野町4丁目のヤマト醤油味噌を訪ね、「石川の発酵食」をテーマに視察しました。

続いて訪れた奥能登では、「地元食材とのペアリング」をテーマに能登町宇出津のビストロ与七、「水の違い」をテーマに数馬酒造を視察し、奥能登でとれる新鮮な魚介類や、能登牛とのペアリング、仕込み水の違いによる日本酒の味わいの変化などを体験しました。

翌29日は白山市、金沢市と精力的に視察。「山廃」をテーマに白山市の車多酒造では、酒母や成分、温度の推移などの違いによる生酛《きもと》・山廃《やまはい》・速醸《そくじょう》の比較を行い、「GI白山　白山菊酒」をテーマに白山市の小堀酒造店・森の吟醸蔵 白山では、施設内を見学後、「酒米

寒の仕込みを目の当たりにするクラマスターの一行＝白山市内の酒蔵

視察先の日本酒をテイスティングするクラマスターの一行
＝白山市内の酒蔵

の違い」について説明を受け、それぞれテイスティングを実施。試飲した日本酒に対し、酸味が際立った酒にはプレスして焼いたチーズが合うなど、旨味やフレーバー、余韻などに合わせたペアリング食材のアドバイスを受け、今後の酒づくりや営業活動に参考になったと関係者は語りました。

金沢市に戻り、福光屋では、「純米蔵 味わいの違い」をテーマに日本酒を試飲し、異なる麹《こうじ》で醸した酒の味わいの違いなどを実感。現役として活躍しているソムリエたちから、レストランで提供したいなどの評価を受け、同社の社員たちは喜んでいました。

半年後に受賞続々 車多酒造がプラチナ賞

クラマスターの酒文化研修から半年余り経た20年9月、フランス唯一の日本酒コンクール「クラマスター2020」の受賞結果が舞い込みました。

石川の酒蔵では、純米酒部門と純米大吟醸酒部門で、最高賞のプラチナ賞に車多酒造（白山市）の「天狗舞 山廃仕込純米酒」「天狗舞 山廃純米大吟醸」が選ばれました。山廃純米酒の受賞は2年連続となりました。

純米酒部門プラチナ賞に東酒造（小松市）の「神泉 純米吟醸ブルーラベル」と福光屋（金沢市）の「加賀鳶 山廃純米 超辛口」が選出されました。

次点の金賞は次の通りです。

▽純米酒部門　天狗舞山廃仕込純米酒 黒（車多酒造）uyoshidagura 2018山廃純米無濾過原酒（吉田酒造店）SWORD OF SAMURAI（宗玄酒造）竹葉 いか純米、竹葉 能登牛純米（数馬酒造）特別純米 大慶（櫻田酒造）▽純米大吟醸酒部門 加賀鶴純米大吟醸68号（やちや酒造）五凛 純米大吟醸（車多酒造）吉田蔵 純米大吟醸（吉田酒造店）

翌年も福光屋がプラチナ賞

さらに翌21年は最高賞のプラチナ賞に福光屋（金沢市）の「黒帯 堂々 山廃純米」が選ばれました。

次点の金賞は次の通りです。

▽純米酒部門 竹葉 いか純米、竹葉 オイスター（数馬酒造）五凛 純米酒（車多酒造）常きげん 山廃純米（鹿野酒造）萬歳楽 甚 純米（小堀酒造店）奥能登の白菊 純米吟醸 百万石乃白×山田錦（白藤酒造店）神泉 純米吟醸 ブルーラベル（東酒造）▽純米大吟醸酒部門 萬歳楽 白山 純米大吟醸（小堀酒造店）常きげん 純米大吟醸 百万石乃白（鹿野酒造）▽五百万石部門 純米酒 輪島物語（白藤酒造店）加賀鶴 純米吟醸「金沢」（やちや酒造）

ソムリエと熱く意見交換

「瓶裏のラベル詳細に」

締めくくりに金沢ニューグランドホテルでは、合同試飲会を開催しました。一行は県内の7酒蔵が手掛けた日本酒をワイングラスで味わい、風味を講評。銘柄ごとに合う料理や、欧州での販売戦略について助言しました。

出品したのは、宗玄酒造(珠洲市)、白藤《はくとう》酒造店(輪島市)、御祖《みおや》酒造(羽咋市)、やちや酒造(金沢市)、吉田酒造店(白山市)、東酒造(小松市)、加越(同)で、各酒蔵が海外展開を見込む各1銘柄を供出しました。審査員はグラスを傾けながら、香りや味わいの印象を語り、各社の担当者にキメ細かくアドバイス。料理との相性などについても助言しました。「ソムリエにとってはボトル裏のラベルが重要。できるだけ多くの情報を盛り込んでほしい」などと一流ソムリエとしての意見がありました。

総評した世界ソムリエコンクール2位のダヴィッド・ビロー氏は「私たちは、テロワール(地酒を産む土壌、気候、人といった要素)を重視します。石川のテロワールに魅了されました。米や水、酵母に至るまで、石川の素材を使うのがいいです」と、石川県の日本酒が魅力的であり、輸出品も「オール石川」にこだわるべきとのアドバイスを贈りました。

グザビエ・チュイザ審査委員長も「石川県の蔵元へも訪問をし、気候・風土に恵まれた環境での酒づくり、酒の個性の明確さに驚き感動しました」と県内の酒蔵とそこで醸造される日本酒を高く評価しました。

クラマスター研修旅行終了後、ISICOはソムリエの評価を記載したテイスティングシートや合同試飲会での様子を収めた動画などを、参加した酒蔵に配布し、今後の欧州への販路開拓に活用してほしい、と各酒蔵の取り組みに期待しています。

クラマスターと県酒造組合連合会関係者らとの合同試飲会
=金沢ニューグランドホテル

ミラノ万博でも販売促進

ミラノ万博日本館の「石川の日」で石川の地酒をアピールした谷本正憲知事（左から4人目）
＝イタリア・ミラノ

19年6月の、英仏独での商談会をさかのぼること4年前の15年10月、イタリア・ミラノで国際博覧会（万博）が開かれたのに合わせ、石川県は万博イベント「石川の日」に、石川の伝統食とともに地酒を出品しました。また、同市内で開かれた商談会では「白山菊酒」などの地酒をイタリア人バイヤーらに熱心に売り込みました。

ミラノ万博の日本館では、石川など世界農業遺産に認定された国内5地域による共同出展が行われ、「石川の日」にことよせて、谷本正憲知事は主催者を代表し挨拶しました。知事は法被姿で来場者らに石川の地酒6種の瓶を手に振る舞い、来場者からは「とてもおいしい」と喜ぶ声が上がりました。

一方、同市内のホテルで開かれた県主催の商談会には、白山市の白山酒造組合などが参加、同組合は統一ブランドの清酒「白山菊酒」などを来場者らにアピールしました。

同組合を構成する吉田酒造店、小堀酒造店、菊姫合資会社、車多酒造、金谷酒造店の5社が白山菊酒に認証されている12銘柄のうち、純米酒や純米大吟醸酒、本醸造酒など8銘柄のほか、白山菊酒以外の清酒も出品しました。

西岡セールスレップ活躍
まめに酒情報収集、発信
2カ月に1回「欧州通信」

欧州3カ国での商談会成功を受け、さらにクラマスター審査員の石川県での酒文化研修を終え、酒輸出拡大の船出に繰り出そうとしている折、20年は新型コロナウイルスが世界的に蔓延《まんえん》しました。欧州ではロックダウンなど非常事態に直面する国もあり、輸出拡大の取り組みは様子見を余儀なくされています。

そのような局面でも、ISICOではドイツにいる西岡宏セールスレップとオンラインで打ち合わせを重ねながら、欧州のコロナ感染状況、ワクチン接種状況、商談会の開催状況などの情報収集に努めています。容易に訪問できなくなった欧州の状況を県内酒蔵に伝えるために「欧州通信～ドイツ便り」を2カ月に1回発刊しています。

新型コロナの感染拡大第1波の頃は日本から欧州への渡航も難しく、欧州がどのような状態になっているか、国内報道も乏しい状況でした。ロックダウンによる外出制限、レストランの閉店、ネットスーパーでの買い物増加など、家食需要が拡大している情報を提供しました。

回復の兆しも

ロックダウンが解除されると徐々にレストランの営業が始まり、国境が再開され、経済活動が回復する兆しを見せました。また、展示会や商談会も少しずつ再開され始め、今までの方法とは違い、オンラインメインや、規模を縮小しての開催がされるようになってきました。制度や規制が刻々と変化するコロナ禍での展示会などの様子を、欧州通信を通じて今後出展を検討している酒蔵に向け、発信しています。

また、西岡セールスレップはドイツ周辺のオランダやフランスにも足を運び、各国の日本商品の販売状況、バイヤーのニーズなど、ドイツ国内外の情報取得に努めています。現地に行けない酒蔵に代わり、欧州各地の西岡氏とつながりのある食品バイヤーや、日本食小売業者に、県産酒のPRなども行っています。

このようにISICOは、県内酒蔵に対し、アフターコロナ、ウィズコロナを見据えた県産日本酒の販売促進のための支援を行っています。

県内11酒蔵出品一覧

社名	酒区分	商品名	アルコール度数	種類	日本酒度	酸度	使用酒米	精米歩合	呑み方	飲酒時適正温度	特徴	合う料理
中村酒造㈱ 金沢市	欧州向け	AKIRA	14.5	純米酒	0	2.5	金沢産契約栽培有機米	70%	冷酒	5～10℃	日本、EU、北米で有機認証取得したオーガニック日本酒	
	酒蔵自慢	日榮　純米大吟醸	15.5	純米大吟醸			山田錦	50%			旨味・辛味・酸味の調和を追求、味と香りが穏やかで飽きのこない味	
㈱福光屋 金沢市	欧州向け	加賀鳶　純米吟醸　GE	14.8	純米吟醸酒	＋8	1.3	石川県産五百万石	60%	冷酒 常温	5～25℃	滑らか・ふくよかな口当たり、キレが良いお酒	寿司・天ぷら、カルパッチョ、チーズ
	酒蔵自慢	加賀鳶　山廃純米　超辛口	16	純米酒	＋12	2.0	全量契約栽培米、酒造好適米使用、国産米100％	65%	冷酒 常温 ぬる燗 熱燗	10～50℃	絶妙の酸味と深みのあるコクを持つ鋭くキレる超辛口の山廃純米	
㈱小堀酒造店 白山市	欧州向け	萬歳楽　石川門	14	純米酒	＋7	1.7	石川門	70%	冷酒	5～10℃	すっきり綺麗な辛口酒、雑味なく軽快な酸味	サーモンマリネ、山菜の酢の物、鯛のカルパッチョ
	酒蔵自慢	萬歳楽　白山　純米大吟醸	14	純米大吟醸	＋4	1.4	山田錦	50%	冷酒 常温	10～15℃	華やかで清らかな香味が特徴	新鮮な魚介類、酢の物
㈱車多酒造 白山市	欧州向け	Tengumai C'est si bon	13	純米酒		1.7	五百万石	75%	冷酒 常温 ぬる燗 熱燗	10～55℃	軽快な旨味と程よい酸味が調和した酒、ほのかな苦味が余韻にアクセントを与える	鴨モモ肉コンフィ、エスカルゴ、ブリ照り焼き、ローストビーフ、ブルーチーズ
	酒蔵自慢	天狗舞　純米大吟醸50	15	純米大吟醸	＋3	1.4	山田錦	50%	冷酒 常温	5～25℃	熟成程度を抑えた比較的軽やかなタイプ、旨みときれいな酸味が心地よいのどごし	和食全般、白身の刺身、お寿司、ホタテグリル、チキンソテー、オイスター
㈱吉田酒造店 白山市	欧州向け	uyoshidagura 山廃 純米 無濾過原酒 13%	13	純米酒	−3	1.4	石川門	麹米50% 掛米60%	冷酒 常温 ぬる燗	5～40℃	優しい甘みとフレッシュな酸味が特徴、酵母以外は無添加のナチュラルな味わい	
	酒蔵自慢	手取川　純米大吟醸　本流	15	純米大吟醸	±0	1.2	山田錦	45%	冷酒 常温	10～15℃	料理の味を損なわない落ち着いた蜂蜜のような香り	湯豆腐・煮物

※ISICO提供

欧州商談会参加の

㈱加越 小松市	欧州向け	加賀ノ月 金ノ月	14.5	純米酒	－2	2.0	石川県産 一般米	75％	冷酒 常温	5～25℃	酸味のスッキリした中に深みのある味わい	酢の物、グラタン、ピザ
㈱加越 小松市	酒蔵自慢	加賀ノ月 満月	15.5	純米吟醸酒	＋4	1.4	石川県産 五百万石	58％	冷酒 常温		まろやか、深みのある味わい、自然な香り	
鹿野酒造㈱ 加賀市	欧州向け	常きげん 山田錦純米	14	純米酒	＋2	2.0	山田錦	60％	冷酒 常温	5～25℃	爽やかな酸味とキレ味の良さが特徴	日本料理・西洋料理
鹿野酒造㈱ 加賀市	酒蔵自慢	KISS of FIRE	15	純米大吟醸	＋3	1.3	山田錦	50％			3年熟成した華やかな吟醸香、フルーティな味わい	
東酒造㈱ 小松市	欧州向け	神泉 純米吟醸 旨口	14.8	純米吟醸酒	－10	1.6	五百万石	60％	冷酒 常温	5～25℃	芳醇甘口、甘さだけでなく、旨味も広がり飲み飽きない	
東酒造㈱ 小松市	酒蔵自慢	神泉 純米大吟醸	17	純米大吟醸	＋1		山田錦	50％	冷酒 常温	5～25℃	辛口で、後味がさっぱりしており、魚・肉料理によく合う	魚、肉料理
櫻田酒造㈱ 珠洲市	欧州向け	純米吟醸 のとざくら	14.6	純米吟醸酒	－3	1.6	石川県産 酒造好適米	55％	冷酒 ぬる燗	5～10℃ 30～40℃	低温で慌てず急がずじっくりと丁寧に造ったお酒	刺身
櫻田酒造㈱ 珠洲市	酒蔵自慢	純米大吟醸 大慶	16	純米大吟醸			山田錦					
宗玄酒造㈱ 珠洲市	欧州向け	SWORD OF SAMURAI	15	純米酒			石川県産 石川門	65％	冷酒 常温 ぬる燗	10～40℃	白米のような味わいに伏流水の清らかさを感じ取れる。スパイシーで味のしっかりした料理と抜群の相性	焼肉、煮物、プロシュット、パルミジャーノチーズ、ピザ、パエリア
宗玄酒造㈱ 珠洲市	酒蔵自慢	Samurai Princess	16	純米吟醸酒			山田錦	麹米50％ 掛米60％	冷酒 常温			
㈱白藤酒造店 輪島市	欧州向け	寧《ね》音《ね》	13	純米酒	－7	1.5～1.6	五百万石 山田錦	60％	冷酒 常温 ぬる燗	5～40℃	甘味と酸味が軽やかなタイプの純米酒	茶碗蒸し、出汁漬け、豚しゃぶ、カマンベールチーズのはちみつがけ他
㈱白藤酒造店 輪島市	酒蔵自慢	奥能登の白菊	16									

欧州商談会不参加の県内5酒蔵出品一覧

社名	酒区分	商品名	アルコール度数	種類	日本酒度	酸度	使用酒米	精米歩合	呑み方	飲酒時適正温度	特徴	合う料理
やちや酒造㈱ 金沢市	欧州向け	加賀鶴　石川門	14.6	純米酒	＋4	1.6	石川門	麹米50％ 掛米65％	冷酒 常温 ぬる燗	5～40℃	柔らかな口当たりが楽しめる	
㈾西出酒造 小松市	欧州向け	春心　兼六桜	14	純米吟醸酒			石川県産米	60％			兼六園の八重桜の酵母使用	
御祖酒造㈱ 羽咋市	欧州向け	遊穂	14.8	純米酒	＋6.3	2.0	五百万石 能登ひかり	60％	冷酒 常温	10～25℃	旨味と酸味あるが、ほのかな苦味と甘味・辛味等調和し、膨らみのある味わい	チーズ、肉料理（特に豚）
数馬酒造㈱ 能登町	欧州向け	竹葉　ミサキ	13.9	純米酒	－21.6		能登産　山田錦	60％	冷酒	5～10℃	能登の海藻から抽出したMisaki酵母を使用、なめらかな口当たりとヨーグルトを思わせる軽快な酸味により甘味を穏やかに調和	貝・魚介マリネ、リコッタチーズやサワークリーム使用した料理他
松波酒造㈱ 能登町	欧州向け	大江山 蔵出し純米	14.9	純米酒	＋4	1.65	石川門	55％	冷酒	5～10℃	能登杜氏による極寒仕込みで生まれる純米酒。米の旨味を残しつつ、スモーキーさのあるやや辛口	刺身、すき焼き、焼鳥、イカの塩辛、サーモンマリネ、ローストビーフ

コロナ禍越え回復期待

英仏独で石川産の清酒を売り込んだ商談会には、代表者が参加し出品した蔵が11社、不参加ながら出品した蔵が5社と、県酒造組合連合会加盟34社の実に5割弱の16社が、海の向こうでの市場開拓への積極姿勢を示しました。

ただ、2019年の11月には日本にも新型コロナウイルスが上陸し蔓延《まんえん》、明けて20年、酒造業界も厳しい対応を余儀なくされました。売上は夜の需要が急速に冷え込んだのに伴い激減。「家飲み需要」も思うほど、頼みの綱にはなっていません。

これは海の向こうも同様の傾向で、せっかく布石を打ったのに、現在のところ、見通しは全く立っていないのが実情です。とはいえ、国内外にワクチンが行き渡るのに伴い、少しずつ明るさがほの見えてくると予想されます。

必ず夜明けはくるはず。その時に向けて、県内酒造会社は切磋琢磨《せっさたくま》して、創意工夫を重ねていくしかありません。中でも順風となるのは、「百万石乃白」であると見られます。欧州向け新商品の開発こそ、石川産清酒の未来を開く水先案内人になるでしょう。

県酒造組合連加盟の24社 国が「輸出産地」に選定

21(令和3)年4月、石川県酒造組合連合会加盟の24酒蔵にうれしいニュースが舞い込みました。

全国の日本酒や焼酎《しょうちゅう》、泡盛《あわもり》のメーカー約800社を「輸出産地」に選定し、海外の販路拡大などを支援する方針が決まったのです。このうち日本酒は北陸や東北を中心とした45都道府県の約600社に上りました。小売店へのプロモーション活動などを予算面でしっかり後押しして、輸出量を着実に伸ばしたい考えです。

政府は2030年に農林水産物や食品輸出を5兆円に拡大する目標を立て、海外において人気が高まっている日本酒を目標達成の牽引《けんいん》役に位置付けたいとしています。そして25年度の日本酒の輸出目標を20年比2・5倍にあたる600億円に設定しました。日本酒の主な出荷先はアジアや米国の和食レストランとなっていますが、さらなる消費拡大には現地のスーパーマーケットなどに対象を広げることも課題となっています。

今後、産地ごとに輸出目標などを設定した計画を策定、認定されれば支援が受けられます。

県酒造組合連合会から '21ファンド支援に4社

県とISICOは21年9月、いしかわ中小企業チャレンジ支援ファンドの助成事業74件を決め、県酒造組合連合会加盟の酒蔵が4社採択されました。

この事業は、総額400億円のファンドの運用益を活用し、中小企業の商品開発など意欲的な取り組みを後押ししています。谷本正憲知事は「コロナとの戦いが長期化する中、魅力を磨き上げていく姿勢が大切」と、採択決定通知書の交付式で述べました。

県内の酒蔵では、「商品開発・販路開拓支援」が東酒造(小松市)、「商品改良・販路拡大支援」が数馬酒造(能登町)、「海外企業等連携支援」が車多酒造(白山市)と中村酒造(金沢市)です。4社とも、国の「輸出産地」に選定されています。

第3章 がんばる石川の33酒蔵

石川県酒造組合連合会加盟の酒蔵は2021（令和3）年9月33を数えます。能登地区には鳳珠・七尾酒造組合の15蔵、金沢地区には金沢酒造組合の5蔵、加賀地区には白山・小松酒造組合の13蔵が健在で、ふるさとの恵みである水と酒米を基に、地酒を醸してきました。家族や夫婦で営む小さな蔵から、温湿度管理が行き届いたビルで仕込む大きな会社まで規模は様々ですが、それぞれ伝統を重んじて酒づくりを続けています。新型コロナウイルス感染の逆風下、知恵と情熱でがんばる33蔵の今昔を綴ります。

※蔵元と杜氏は敬称略。
※これより紹介する33酒蔵は石川県酒造組合連合会に加盟しています。
※自社醸造蔵は4ページ構成、委託醸造蔵は2ページ構成になっております。
※「私の一本」と「主な受賞歴（過去3年）」については各酒蔵からの申告文を掲載しました。

銘柄のデータ表示について

※1 精米歩合…精米によって削られた米の残った割合。
※2 使用酵母…酒の醸造に用いられた酵母。種類により酒の性質も変わる。
※3 仕込み水…酒造に使われる水。酒の成分の8割を占め、味を左右する。
※4 アルコール度…酒に含まれるエチルアルコールの割合を百分率（%）で表した数字。日本酒では「〜度」と表記し、平均は15度前後。
※5 日本酒度…酒の甘口、辛口をみる目安。糖分が多いほど−になる。+は辛口、−は甘口。
※6 酸度…酒に含まれる酸の量を示す。平均は普通酒で1.30、吟醸酒で1.29、純米酒で1.80、本醸造酒で1.50（平成26年度金沢国税局調査速報値）。一般的に、平均値より高いと味が濃く辛く、低いとさらりと甘く感じられる。
※7 小売価格は税込。

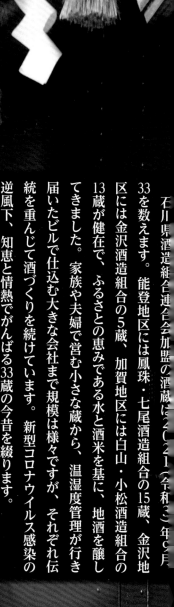

【能登の酒蔵】

鳳珠《ほうす》酒造組合

❶大慶《たいけい》
【櫻田《さくらだ》酒造】…P-60

❷宗玄《そうげん》
【宗玄《そうげん》酒造】…P-64

❸大江山《おおえやま》
【松波《まつなみ》酒造】…P-68

❹谷泉《たにいずみ》
【鶴野《つるの》酒造店】P-72

❺竹葉《ちくは》
【数馬《かずま》酒造】…P-76

❻黒松《くろまつ》若緑《わかみどり》
【中納《なかの》酒造】…P-80

❼能登誉《のとほまれ》
【清水《しみず》酒造店】P-82

❽金瓢《きんぴょう》白駒《しらこま》
【日吉《ひよし》酒造店】P-86

❾奥能登《おくのと》の白菊《しらぎく》
【白藤《はくとう》酒造店】P-90

❿能登《のと》末廣
【中島《なかしま》酒造店】P-94

⓫能登《のと》亀泉《かめいずみ》
【中野《なかの》酒造】…P-98

七尾酒造組合

⓬天平《てんぺい》
【布施《ふせ》酒造店】P-102

⓭春山《はるやま》
【春成《はるなり》酒造店】P-106

⓮池月《いけづき》
【鳥屋《とりや》酒造】‥P-108

⓯遊穂《ゆうほ》
【御祖《みおや》酒造】‥P-112

【金沢の酒蔵】

金沢酒造組合

⓰長生舞《ちょうせいまい》
【久世《くぜ》酒造店】P-116

⓱加賀鶴《かがつる》
【やちや酒造】P-120

⓲御所泉《ごしょいずみ》
【武内《たけうち》酒造店】P-124

⓳加賀鳶《かがとび》
【福光屋《ふくみつや》】……P-128

⓴金澤《かなざわ》中村屋《なかむらや》
【中村《なかむら》酒造】‥P-132

石川の33酒蔵 Map

【加賀の酒蔵】

小松酒造組合

㉖夢醸《むじょう》
【宮本《みやもと》酒造店】P-156

㉗神泉《しんせん》
【東《ひがし》酒造】……P-160

㉘加賀《かが》ノ月《つき》
【加越《かえつ》】……P-164

㉙菊鶴《きくつる》
【手塚《てづか》酒造場】P-168

㉚春心《はるごころ》
【西出《にしで》酒造】‥P-170

㉛十代目《じゅうだいめ》
【橋本《はしもと》酒造】‥P-174

㉜常《じょう》きげん
【鹿野《かの》酒造】‥P-178

㉝獅子《しし》の里《さと》
【松浦《まつうら》酒造】‥P-182

白山酒造組合

㉑高砂《たかさご》
【金谷《かなや》酒造店】P-136

㉒天狗舞《てんぐまい》
【車多《しゃた》酒造】‥P-140

㉓手取川《てどりがわ》
【吉田《よしだ》酒造店】P-144

㉔菊姫《きくひめ》
【菊姫《きくひめ》】……P-148

㉕萬歳楽《まんざいらく》
【小堀《こぼり》酒造店】P-152

酒蔵ファイル
鳳珠《ほうす》酒造組合 01

櫻田《さくらだ》酒造 株式会社

[所在地] 珠洲市蛸島町《すずしたこじま》ソ部93番地
[創　業] 1915（大正4）年
[蔵　元] 櫻田 博克《ひろよし》
[杜　氏] 櫻田 博克（蔵元杜氏）
TEL 0768-82-0508　FAX 0768-82-6628
e-mail info@sakurada.co.jp
URL www.sakurada.co.jp

見学は受けていません

代表銘柄

大慶《たいけい》

米本来の
旨《うま》みが
じわり拡がる
やさしい酒

能登の酒蔵

漁師町で愛され続け 一家4人で醸《かも》す地酒

データ

特別純米酒〈通年商品〉

原料米：山田錦、百万石乃白
精米歩合：55%
使用酵母：金沢酵母
仕込み水：自家井戸
アルコール度：16度
日本酒度：±0　酸度：1.5
税込価格：300㎖ 682円 720㎖ 1,705円
1.8ℓ 3,410円

味わいタイプ

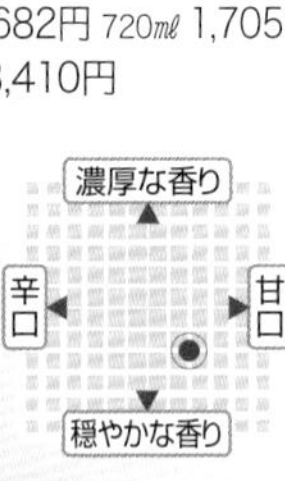

おすすめ温度

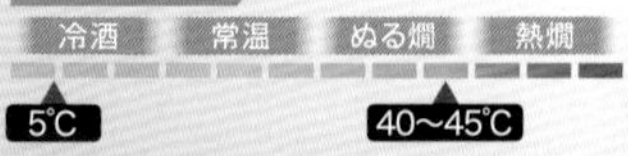

●精米歩合55%の山田錦を100%使ってきましたが、百万石乃白も使い始めました。低温でじっくり醸すので、米本来の旨みが口中にじわり拡がるやさしい味わいです。

特別純米酒 無濾過《むろか》大慶

能登半島の最北端、珠洲市の禄剛埼《ろっこうざき》灯台まで約10キロの漁師町・蛸島町で、櫻田酒造は100年余り、地酒をつくり続けてきました。

現在、4代目の櫻田博克さん(49)が代表取締役社長兼蔵元杜氏。父の礼次郎さん(86)、母の京子さん(78)、そして妻の朋子《ともこ》さん(49)が蔵人と、家族4人で営む酒蔵です。

大慶と初桜が代表酒

もともと蛸島町は近海漁業で栄え、櫻田酒造は漁師が主な顧客でした。大漁を祝う蛸島言葉の「大慶《たいけい》な」にちなむ「大慶」と、櫻田姓から一字をとった「初桜《はつざくら》」を、代表銘柄に据え、暖簾《のれん》を継いできたのです。

初桜は甘辛中間の穏やかな香り、大慶は甘さがやや勝る味わいで、「1年を通じ身の丈《たけ》に合った量」(櫻田蔵元)を出荷しています。一家4人で「急がず焦らずじっくりと仕事する」家風は昔も今も変わりません。

「愚直に受け継いだ技を磨いていく中に、やりがいを見

船だまりを背に右手に大慶、左手に初桜を掲げる櫻田社長=珠洲市蛸島漁港

木造のどっしりとしたたたずまいの櫻田酒造=珠洲市蛸島町

一献に込めた想い

蔵元杜氏 櫻田博克さん

楽しみながらの酒造りをモットーに、日々、じっくりと慌てず急がず、少量を丁寧に造っております。

私は父から醸造のいろはを習い、後は自分なりに勉強して、技術を身に着けてきました。漁師町が育ててくれた蔵ですから、もちろん、地酒に徹します。それは、これまでもこれからも変わりません。

仕込み蔵で櫂《かい》を突く櫻田蔵元杜氏

出したい」。博克さんは父子相伝の酒づくりに懸ける意欲を語ります。

現在、２銘柄は珠洲市を中心に半島各地で扱われ、県都金沢でも知る人ぞ知る存在になりました。「来年、いよいよ大台50歳を迎えます。けれど、特に変わったことするわけでもないしね」。とはいえ、新しい挑戦も行っています。

百万石乃白にも挑戦

それは石川が産んだ新酒米「百万石《ひゃくまんごく》乃《の》白《しろ》」を使っての酒づくり。２０２０(令和２)酒造年度を手始めに使いましたが、「これはうちの酒に合う」と直感。「地酒には地の酒米を使うのが本来のあり方」と21酒造年度でも挑みます。従来は専《もっぱ》ら兵庫県産の「山田錦」でした。

朋子さんとの間に長男がいます。ただ5代目を託したいとは口にしません。「やはり、本人が継ぐ意思をはっきり言わない限り押し付けるわけにはいかんからね」。事業承継は以心伝心で行うものというのが持論。蔵元、杜氏のバトンも「急がず焦らずじっくりと」渡すようです。

笑顔で顧客を迎える櫻田蔵元杜氏の母、京子さん＝櫻田酒造

蔵元おすすめ4銘柄

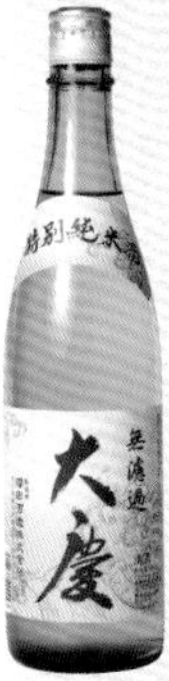

特別純米酒 大慶

純米大吟醸 大慶

能登上撰 初桜

能登の酒 初桜

酒別：特別純米酒
アルコール度：16度
味のタイプ：穏やかな旨味
酒米：山田錦、百万石乃白
精米歩合：55%

酒別：純米大吟醸酒
アルコール度：16度
味のタイプ：すっきりほのかな甘味
酒米：山田錦、百万石乃白
精米歩合：50%

酒別：本醸造酒
アルコール度：15度
味のタイプ：芳醇
酒米：石川門、五百万石、もち米
精米歩合：65%

酒別：本醸造酒
アルコール度：15度
味のタイプ：芳醇
酒米：石川門、五百万石、もち米
精米歩合：65%

主な受賞歴（過去3年）

《2020年クラマスター 金賞》

わが蔵自慢

北國銀行蛸島支店の金庫

近海漁業が盛んだった昭和40年代まであった北國銀行蛸島支店の金庫です。閉店の際に譲り受けました。今や中に収容物はありませんが、存在感はずしりと重いです。

この料理にこのお酒

ブリ大根の煮物に
特別純米酒 大慶

甘エビのさしみに
純米大吟醸 大慶

タラの白子の天ぷらに
能登上撰 初桜

島《しま》 健《けん》次《じ》さん（81歳）
珠洲市蛸島町在住
元漁師

私の一本
能登上撰 初桜

珠洲一の漁師町蛸島で酒といえば初桜です。若いころから今までずっと飲んできました。厳しい仕事の後もとれたての魚と晩酌の初桜をお燗にしてきゅうーと飲めば次の日もまた頑張れました。仕事で県外に行き、他の酒を飲んでも何かしっくりきません。漁から帰ってきていつもの初桜を飲むと、やっぱりこれだとしみじみ思います。

大慶ホームページ www.sakurada.co.jp 櫻田酒造 検索

能登の酒蔵

酒蔵ファイル 02
鳳珠酒造組合

宗玄酒造 株式会社

［所在地］珠洲市宝立町《ほうりゅうまち》宗玄24-22
［創　業］1768（明和5）年
［蔵　元］徳力《とくりき》 暁《さとる》
［杜　氏］坂口 幸夫・長松《ちょうまつ》 拓也
TEL 0768-84-1314
FAX 0768-84-1315
e-mail info@sougen-shuzou.com
URL www.sougen-shuzou.com/

見学可 要予約

代表銘柄

宗《そう》玄《げん》

宗玄最高の逸品。ANA国際線ファーストクラス搭載酒。

宗玄 大吟醸 SAMURAI KING

若い人材が未来拓く 250年蔵の新3品

データ

大吟醸〈通年商品〉

原料米：山田錦100%
精米歩合：35%
使用酵母：自社酵母
仕込み水：黒峰山系伏流水
アルコール度：17度
日本酒度：＋4.0　酸度：1.2
税込価格：300㎖ 2,200円 720㎖ 6,600円 1.8ℓ 13,200円

味わいタイプ

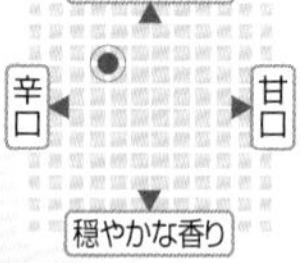

おすすめ温度

冷酒　常温　ぬる燗　熱燗
8〜15℃　20〜25℃

●宗玄を代表する酒です。ふくよかな味わい、透明な喉《のど》ごしで、世界中の人に愛され飲まれている宗玄最高の逸品です。

大吟醸酒を仕込む（左から）坂口幸夫顧問杜氏、徳力暁蔵元、長松拓也平成蔵杜氏＝珠洲市宝立町の宗玄酒造

2021（令和3）年4月、宗玄酒造蔵元の徳力暁社長は就任10年の節目を迎えました。この年は徳力蔵元にとって、新商品3つを世に問う勝負の年です。

徳力蔵元は自他ともに任ずる宗玄酒造の「中興の祖」。35年の県庁マンから転じ、民間のしかも能登杜氏《とうじ》発祥の蔵の経営立て直しの使命を背負ってのスタートでした。持ち前の「アイデアマン・キャラ」を発揮し、醸造の場を大改造、旧能登線のトンネルを貯蔵庫としトロッコで観光地に変え、創業250年に皇太子殿下をお迎えしました。

女子社員の案が開花

経営をほぼ安定軌道に乗せてからの徳力蔵元が、近未来をにらみ打ち出したのが若い人材の積極採用です。ここ5年ほどで登用した新入社員、しかも女子社員の一人が提案

新作酒「AZALEA」を手に話す干場一慧社員。右は当初のデザイン案＝金沢市大桑の金沢営業所

一献に込めた想い

顧問杜氏 坂口幸夫さん

16歳から58年間、酒造りに携わってきました。能登杜氏四天王の故波瀬《はせ》正吉《しょうきち》氏に師事し、宗玄では杜氏を務め23年になります。香り酵母《こうぼ》を使わない、しっかりした麹《こうじ》づくりがモットーです。明和蔵の古谷邦夫、平成蔵の長松拓也の両杜氏とともに和醸《わじょう》第一で頑張ります。

したアイデアが21年3月、花を咲かせました。

干場一慧《ほしばかずえ》さん（34）。珠洲市出身の金沢営業所員が考えたのは、徳力社長が募集した女性向けの清酒の、ラベルのデザインとネーミング。奥能登の初夏を彩る鮮やかな、のとキリシマツツジの、花弁でラベルを彩る斬新な提案です。

その案の完璧《かんぺき》化を図った徳力蔵元は、米ニューヨーク在住の邦人デザイナーに仕上げを託しました。それで出来上がったのが白地に赤一色でデフォルメされた鮮烈なカタチの、のとキリシマツツジです。今までの清酒ラベルで見たこともないものでした。

ネーミングも、ツツジの英語「アザレア」を採用し、3月に出荷しました。

新酒米で次は大吟醸

間髪を入れず7月には県産酒米「百万石乃白」で醸《かも》した純米大吟醸酒、その名も「ＳＩＬＫ ＮＯＴＯ《シルクノト》」を世に問いました。また、前年、発売2週間で７２０ミリリットル瓶《びん》２８００本が売り切れた百万石乃白の純米吟醸は、ホテルハイアットセントリック金沢のプライベートブランドに採用されました。

そして10月、3つ目の新商品「ＯＭＡＣＨＩ《オマチ》」を発売しました。これは、岡山県産の酒造好適米「雄町《おまち》」を生かした純米吟醸酒です。この時期は従来、無濾過生原酒《むろかなまげんしゅ》しか出していなかったのを、主婦が買い物で日本酒を求める時代に着目し、スーパーでの女性客に照準を合わせた果汁感のあるキレの良い清酒です。

「中身も、見た目も、商品名も大事なんです」。（徳力蔵元）。宗玄酒造の未来を拓く三《さん》位一体《みいったい》に、和醸《わじょう》で磨きを掛ける覇気《はき》がみなぎっています。

250年以上の歴史を刻む宗玄酒造の外観

蔵元おすすめ5銘柄

純米大吟醸 SAMURAI QUEEN	純米吟醸 Samurai Princess	純米酒 Samurai Prince	黒峰	剣山
酒別：純米大吟醸酒	酒別：純米吟醸酒	酒別：純米酒	酒別：本醸造酒	酒別：普通酒
アルコール度：16度	アルコール度：16度	アルコール度：15度	アルコール度：15度	アルコール度：15度
味のタイプ：濃淳旨口	味のタイプ：やや辛口	味のタイプ：やや辛口	味のタイプ：やや辛口	味のタイプ：やや甘口
酒米：山田錦	酒米：山田錦	酒米：山田錦	酒米：五百万石他	酒米：もち米他
精米歩合：40%	精米歩合：麹米50%・掛米55%	精米歩合：55%	精米歩合：65%	精米歩合：65%

主な受賞歴（過去3年）

《2021年 金沢国税局酒類鑑評会 優等賞》
《2020年 全国新酒鑑評会 入賞》
《2020年 クラマスター 金賞》
《2019年 全国新酒鑑評会 金賞》

わが蔵自慢

隧《ずい》道《どう》蔵《ぐら》

のと鉄道旧トンネルを再利用した「隧道蔵」で1年中、常温12度前後に保てるため、酒の保管庫にしています。

この料理にこのお酒

松茸の網焼きに
大吟醸
SAMURAI KING

香箱ガニに
純米大吟醸
SAMURAI QUEEN

能登牛ステーキに
純米吟醸
Samurai Princess

金沢市在住
大学講師
崔《チェ》 チョンアさん

私の一本
純米吟醸 Samurai Princess

珠洲の海を思わせるミネラル感が感じられる純米吟醸。

ほっと一息つきたい時にアペリティフ(食前酒)として楽しんでいます。

目を引くブルーのボトルデザインは華やかで贈り物にもオススメです。

宗玄ホームページ www.sougen-shuzou.com/ 宗玄酒造 検索

酒蔵ファイル
鳳珠《ほうす》酒造組合 03

松《まつ》波《なみ》酒造 株式会社

[所在地] 鳳珠郡能登町《のとちょう》 松波30-114
[創　業] 1868（明治元）年
[法人化] 1903（明治36）年
[蔵　元] 金七《きんしち》 政彦
[杜　氏] 畑下 政美
TEL 0768-72-0005　FAX 0768-72-2348
e-mail sake@o-eyama.com
URL https://www.o-eyama.com

見学可
要予約

代表銘柄

大《おお》江《え》山《やま》

冷酒から燗《かん》酒《ざけ》、地魚刺身からイタリアンまで

能登の酒蔵

大江山 復《ふっ》刻《こく》版《ばん》純《じゅん》米《まい》酒《しゅ》

「オール松波」で醸す 150年力強く発信

データ

純米酒〈通年商品〉

原料米：石川県産五百万石
精米歩合：50%
使用酵母：金沢酵母
仕込み水：蔵内井戸水
アルコール度：15〜16度
日本酒度：+3
税込価格：300㎖ 660円 720㎖ 1,540円
1.8ℓ 3,080円

味わいタイプ

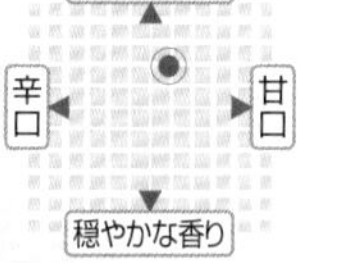

おすすめ温度

●復刻版とは、日本酒がよく飲まれていた70年前のデザインを復刻したからで、「今宵もたくさん酌み交わして楽しい時間に乾杯！」という想いを込めています。

仕込み本番、家族ぐるみで洗米作業＝能登町松波の松波酒造

松波漁港のすぐ近くにたたずむ松波酒造の外観

松波酒造は1868(明治元)年に創業、以来150年余、漁師町の地酒蔵として住民に寄り添い歩んできました。令和の今、金七家が家族総出で酒蔵を切り盛りし、能登杜氏と地元スタッフで醸造に取り組む「オール松波」体制で老舗《しにせ》の灯をともし続けます。

蔵元の金七政彦社長は経営のかじ取りを行いながら、冬場の酒づくり、出来上がった酒を管理しています。妻のえり子女将《おかみ》は、家族と蔵人の食事の世話をし、近隣住民への営業活動と直営店の運営に余念がありません。

家族ぐるみで従事

長女の聖子若女将《わかおかみ》は商品開発やイベント企画、WEB関連、海外輸出、新事業考案と担当分野は広く深く、精力的にこなします。能登を離れて暮らした経験を活かし、県外や都会から見た能登町と地酒の魅力を磨くにはどうすれば良いのかを常に考

一献に込めた想い

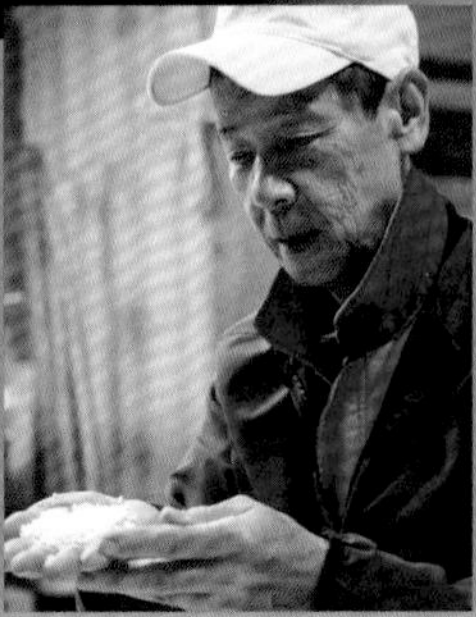

杜氏　畑下政美さん

晩秋11月から翌春3月まで酒づくりに集中する「季節杜氏」です。

松波酒造にきて足掛け17年、それまでは白山市鶴来の伝統蔵などで醸してきました。

松波酒造で心がけているのは、老舗の伝統を大事にしながらも、時代に合った高品質の醸造です。厳冬の2カ月は、蔵に泊まり込んで、麹づくりから仕込みまで目を離せません。

えています。次女の美貴子蔵人は仕込みの経験10年を超え、杜氏からも信頼され、自分なりの思いを醸した酒がつくれるようになったとか。加えて、販売店の信頼も厚く、お客様応対にお呼びがかかる販売店も数件あり、「二刀流」をこなします。

主銘柄は「大江山」。命名の由来は、説話「大江山」に登場する酒呑童子《しゅてんどうじ》のように豪快に酌み交わす酒を目指し、創業者が名付けたのだとか。伝統蔵には木製酒槽「ふね」や地場産・小木石《おぎいし》製の麹室《こうじむろ》外壁も昔のままです。

こうした残すべき伝統は残し、改革すべきは改革するのが現在の松波酒造です。清酒はもとより、自家農園の作物を漬け込むリキュールを製造、県内外での催事や蔵元とのペアリングを楽しむ企画と幅広く展開。縁あって海外への足掛かりも得られ、香港、中国・上海、ドイツへの販路が開かれました。

利き酒コーナーで顧客と歓談する聖子若女将（左）

「酒蔵見学」も店内に工夫を凝らし家族で積極的に受け入れ、県内外からのお客様は一時、年間予約6千人を数えたこともありました。それがただ今は水が引いたように激減。しかし、「松波酒造は負けません」。新酒米「百万石乃白」など明るい材料を手に「令和の末広がり」を目指します。

店前で元気な聖子若女将

蔵元おすすめ5銘柄

大江山 大吟醸

酒別：大吟醸酒
アルコール度：17度
味のタイプ：香り華やか、キレのいい辛口
酒米：兵庫県産山田錦
精米歩合：40%

大江山 純米大吟醸 百万石乃白

酒別：純米大吟醸酒
アルコール度：16度
味のタイプ：薫り高くたおやかなやや甘口
酒米：百万石乃白
精米歩合：50%

しぼりたて生酒

酒別：本醸造生原酒
アルコール度：19度
味のタイプ：旨味ものど越しも力強い
酒米：石川県産五百万石
精米歩合：68%

つづらの波 吟醸

酒別：吟醸酒
アルコール度：14〜15度
味のタイプ：さわやか辛口でフルーティー
酒米：兵庫県産山田錦
精米歩合：40%

大江山 能登上撰

酒別：本醸造酒
アルコール度：15〜16度
味のタイプ：漁師どころのすっきり辛口
酒米：石川県産五百万石
精米歩合：68%

主な受賞歴（過去3年）

《2020年石川県優良土産品コンクール 石川県知事賞》

わが蔵自慢

小木石《おぎいし》製の麹室《こうじむろ》外壁

小木石は比較的軽くて加工しやすいのが特徴の凝灰岩で、能登町の小木港に近い石山や海岸の岩壁から昭和20年頃まで切り出されていました。いわゆる地場産素材を活用した酒蔵です。

この料理にこのお酒

能登寒ブリの刺身に しぼりたて生酒

タラの子つけ刺身に 大江山 復刻版純米酒

フィナンシェに 大江山 純米大吟醸 百万石乃白

井上みゆきさん
東京都世田谷区在住
コピーライター

私の一本 しぼりたて生酒

お気に入りは「しぼりたて生酒」。味や香りのバランスが年ごとに微妙に違うので、ドキドキ、ワクワクしながら栓を開けます。時とともに変化する味わいも楽しいので、一気に飲みたい気持ちを我慢できる大人にオススメのお酒です！

大江山ホームページ https://www.o-eyama.com 松波酒造 検索

酒蔵ファイル
鳳珠酒造組合 *04*

株式会社 鶴野《つるの》酒造店

［所在地］ 鳳珠郡能登町鵜川《うかわ》19字64番地
［創　業］ 1789～1804年頃
［蔵　元］ 鶴野 晋太郎《しんたろう》
［杜　氏］ 鶴野 薫子《ゆきこ》（蔵元杜氏）
TEL 0768-67-2311　FAX 0768-67-2312
e-mail shintaro.tsuruno@taniizumi.com
URL https://www.taniizumi.com

見学可
要予約

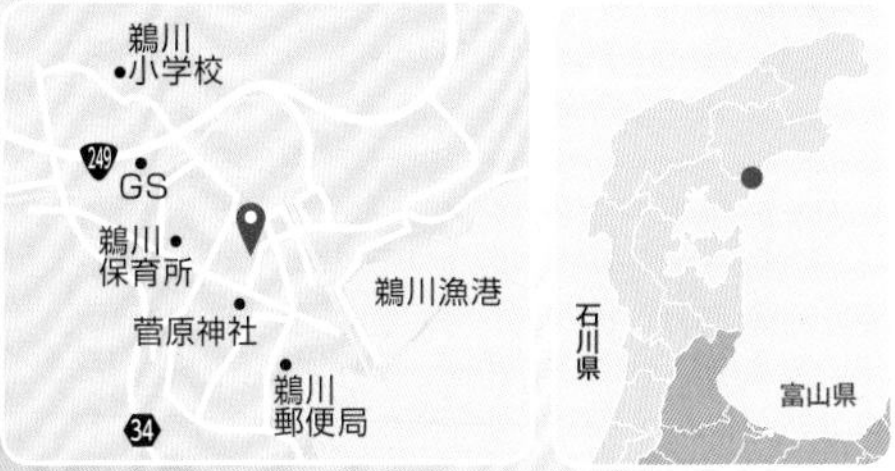

代表銘柄

谷《たに》泉《いずみ》

お料理に
寄りそう
旨《うま》み豊かな
キレのある辛口

谷泉　特別純米酒

兄と妹が「二人三脚」女将支える家族の力

データ

特別純米酒〈通年商品〉

原料米：山田錦、五百万石
精米歩合：50%
使用酵母：非公開
仕込み水：非公開
アルコール度：16度
日本酒度：非公開　酸度：非公開
税込価格：300㎖ 605円 720㎖ 1,485円
1.8ℓ 2,970円

味わいタイプ

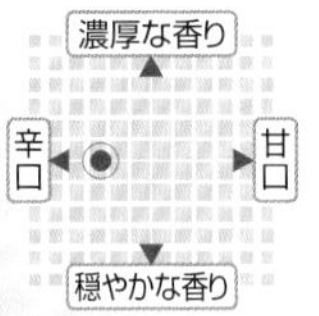

おすすめ温度

冷酒　常温　ぬる燗　熱燗

8～15℃

●お料理に寄り添い、お料理と一緒に飲み続けられるお酒を目指しています。爽やかな香りとお米の旨味が感じられるキレのある辛口です。

茶の間に商品を並べ語り合う鶴野晋太郎専務（左）と薫子杜氏＝能登町鵜川の鶴野酒造店

能登町の漁師町鵜川《うかわ》で酒づくりの孤塁《こるい》を守るのが２００有余年続く鶴野酒造店です。家族経営の老舗《しにせ》に2年前、大きな変化がありました。

Uターンして専務に

２０１８（平成30）年9月、東京などのＩＴ大手企業に勤めていた鶴野晋太郎さん（31）がＵターン、母で蔵元のみどりさん（63）を支える専務に就いたからです。不慮の事故で約7年入院していた父の任一さんが、亡くなったのが晋太郎専務の背中を押しました。

それまで病床の蔵元の代役をみどりさんが務め、みどりさんの二女の薫子《ゆきこ》さん（28）が中心となり長女の舞子《まいこ》さん（29）も手伝い、酒づくりを行っていました。しかし、大黒

店前で腕を組む晋太郎専務（左）と薫子杜氏＝能登町鵜川

一献に込めた想い

蔵元杜氏
鶴野薫子さん

杜氏を務めて5年になります。当初はなかなか思うようにいかず大変でしたが、先輩たちから手ほどきを受け、私自身も勉強してだんだんと、思うお酒に近づきつつあります。お客さまからの評価もいただいており、「やさしい旨みのキレのある辛口」の味わいを確立致します。

柱の夫が他界し、みどりさんが蔵元となったため、長男晋太郎さんに「家に戻ってくれませんか」と打診。晋太郎さんは潔《いさぎよ》く脱サラしました。システムエンジニアだった晋太郎専務が初めに手掛けたのは、商品の「コンセプトの確立」でした。酒づくりは杜氏である妹薫《ゆき》子さんを最大限にサポートし、家族で力を合わせて精進しています。

能登町鵜川の街道に沿ってそびえる鶴野酒造店

コンセプトの確立

谷泉とは何か。自分たちが表現したい酒とは何か。晋太郎専務は原点復帰して全てを見直すことにしました。「当たり前のことを徹底的にやっただけです」。さらに思い切って「見た目」すなわちデザインの一新を図りました。もちろん、従来商品で残すものは残し、新旧の融合を図ったのです。

晋太郎専務によると、先祖代々継いできた老舗の製法を重んじながらも、若い感覚も取り入れたコンセプトが瓶に詰まっているとのこと。

「これ見てください」。百万石乃白を使った新酒のラベルは何と白一色に小さく銘柄名。しゃれたアイデアは谷に湧《わ》き出ずる泉のようです。

仕込みの櫂をつく薫子杜氏(右)

蔵元おすすめ5銘柄

谷泉 純米吟醸

酒別：純米吟醸酒
アルコール度：16度
味のタイプ：辛口
酒米：山田錦・五百万石
精米歩合：50%

超辛口 登雷

酒別：純米吟醸酒
アルコール度：16度
味のタイプ：辛口
酒米：山田錦・五百万石
精米歩合：50%

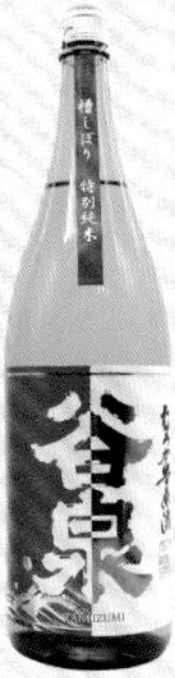

谷泉 特別純米無濾過生原酒 Orange

酒別：特別純米酒
アルコール度：16度
味のタイプ：辛口
酒米：山田錦・五百万石
精米歩合：58%

谷泉 純米吟醸無濾過生原酒 ～Sweet Harmony～

酒別：純米吟醸酒
アルコール度：16度
味のタイプ：甘口
酒米：山田錦
精米歩合：58%

谷泉 純米大吟醸 愛

酒別：純米大吟醸酒
アルコール度：16度
味のタイプ：甘口
酒米：山田錦
精米歩合：50%

わが蔵自慢

昔ながらの酒屋の店構え

港町である能登町鵜川では、やはり昔から漁師のお客様が多いです。以前はよく網をあげた後の疲労回復によく店を訪れ、軽くコップ酒を楽しむ方々もいました。いわゆる立ち飲みですが、お客様同士、歓談の花が咲くコミュニケーションの場ともなってきました。

この料理にこのお酒

お刺身に
谷泉 特別純米酒

お肉料理に
超辛口 登雷

かぶら寿しに
谷泉 純米吟醸

吉村 慶さん（54歳）
小松市矢田町在住
自営業

私の一本

特別純米無濾過生原酒 Orange

谷泉は、どれも“大好物”なのですが、1本選ぶとなれば「特別純米無濾過生原酒」です。パンチ（辛さ）が強く、旨味がかなり濃い、なのにスッとひいていくキレの良さ。毎年必ず飲みたいお酒です！

谷泉ホームページ https://www.taniizumi.com 鶴野酒造店 検索

酒蔵ファイル
鳳珠酒造組合 *05*

数馬《かずま》酒造 株式会社

［所在地］鳳珠郡能登町宇出津へ36
［創　業］1869（明治2）年
［蔵　元］数馬 嘉一郎《かいちろう》
［醸造責任者］栗間《くりま》 康弘
TEL 0768-62-1200　FAX 0768-62-1201
URL https://chikuha.co.jp/

見学は受けていません

代表銘柄
竹葉《ちくは》

「米・水・酵母」
すべてが
能登産の地酒

能登の酒蔵

新生老舗の基盤整う
オール能登で酒醸す

データ

（生酛）純米酒〈通年商品〉

原料米：能登産五百万石
精米歩合：70%
使用酵母：Misaki酵母
仕込み水：能登町柳田地区の伏流水
アルコール度：15度
日本酒度：-3.5　酸度：2.2
税込価格：720㎖ 1,540円 1.8ℓ 3,080円

味わいタイプ

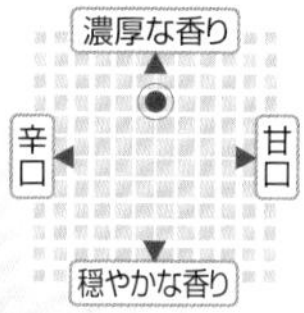

おすすめ温度

冷酒　常温　ぬる燗　熱燗
12〜14℃　43〜45℃

●米・水・酵母すべてが能登産の、能登テロワールを体現する酒です。伝統的な生酛造りで醸し、豊かな旨みとまろやかな酸味が特徴。

竹《ちく》葉《は》 生《き》酛《もと》純《じゅん》米《まい》 奥《おく》能《の》登《と》

弱冠24歳で老舗の蔵元を継いだ数馬嘉一郎社長(35)は、この10年で「新生・数馬酒造」の基盤を整えました。

就任当時に描いたのは「地域資源の価値を最大限に活かす酒づくりと社員たちが働きやすい環境づくりで地域社会を牽引《けんいん》する企業」でした。それをすべて夢から現実にしたのです。

初めに強化したのは、能登産酒米の栽培です。県立七尾高校の同級生で、志賀町で農業法人「ゆめうらら」を営む裏貴大《うらたかひろ》代表(34)に呼びかけ意気投合。契約を結んで、農薬や化学肥料を出来る限り使わない酒米を原料としました。

現在取り扱う酒米の銘柄は、「山田錦」「五百万石」「石川門」「百万石乃白」を主流にし、そのほかの能登の生産者らの協力も得て、2020年の醸造より、能登米100パーセントを達成しました。

若き醸造担当社員。前列中央は栗間康弘醸造責任者=能登町宇出津の数馬酒造

正社員メインの職場
早朝深夜労働を廃止

能登産酒米に加え、数馬蔵元はチームワークに重点を置

蔵元の数馬嘉一郎数馬酒造社長(右)と酒米生産者の裏貴大ゆめうらら代表

一献に込めた想い

醸造責任者
栗間《くりま》康弘《やすひろ》さん

旨みがあり、キレの良い〝数馬酒造らしいお酒〟を目指すと同時に、毎年品質を向上させ続けるよう常に思考しながら丁寧な作業を行っています。弊社の酒造りを担うのは、20代・30代の若い醸造社員がメインです。うまく行かないこともありますが、成長するスピードが速く、互いに教え合い、学び合う風土が醸成されています。

いた組織づくりも進めました。それは、正社員がメインとなった労働環境を構築し、従来の季節労働、泊まり込み、早朝深夜労働を廃することでした。しかも、「若い力」を結集するのを旨としたのです。現在、醸造社員は5人、平均年齢は32歳です。

　さらに数馬蔵元は地域資源の価値を最大化するものづくりを通して能登の魅力を高めることを使命に掲げます。これを実現するとともに、能登の未来を創るため、SDGs（持続可能な開発目標）を標榜《ひょうぼう》する蔵を現在の目標にしています。数馬蔵元の銘柄の命名もユニークで、「いか」や「能登牛」の名を冠した名はどこにもないオリジナルです。

　これらの地道で有意義な経営が評価され、18年3月に経済産業省の「はばたく中小企業・小規模事業者300社」に選定、12月には能登の酒蔵では初めての同「地域未来牽引企業」に選出されました。

酒の受賞も相次いでいます。2020年には世界的な品評会であるIWCで能登初となる金賞およびリージョナルトロフィーを受賞し、2021年だけでも、4月に「ワイングラスでおいしい日本酒アワード」最高金賞受賞、7月には「クラマスター純米酒部門」2銘柄金賞と10年の努力が実った格好です。

酒文化研修で数馬酒造を訪れたフランスのクラマスター審査員ら一行＝数馬酒造

木製外壁の数馬酒造本社＝能登町宇出津

蔵元おすすめ5銘柄

竹葉 能登純米

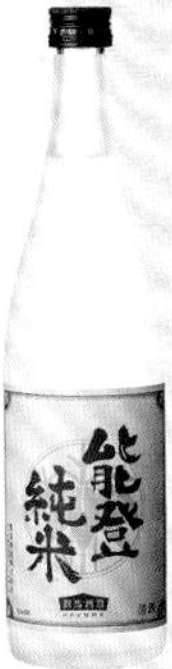

酒別：純米酒
アルコール度：15度
味のタイプ：爽やか
酒米：能登産山田錦
精米歩合：55%

竹葉 能登大吟

酒別：大吟醸酒
アルコール度：15度
味のタイプ：スッキリ
酒米：能登産石川門
精米歩合：50%

竹葉 百万石乃白 大吟醸

酒別：大吟醸酒
アルコール度：15度
味のタイプ：スッキリ・フルーティー
酒米：能登産百万石乃白
精米歩合：50%

竹葉 能登牛純米

酒別：（生酛）純米酒
アルコール度：17度
味のタイプ：濃厚
酒米：能登産ゆめみづほ
精米歩合：70%

竹葉 いか純米

酒別：純米酒
アルコール度：16度
味のタイプ：甘口・穏やか
酒米：能登産五百万石・石川門
精米歩合：60%

主な受賞歴（過去3年）

《2021年ワイングラスでおいしい日本酒アワード 最高金賞》
《2020年ワイングラスでおいしい日本酒アワード 最高金賞》
《2019年ワイングラスでおいしい日本酒アワード 金賞》
《2021年全国燗酒コンテスト 金賞》
《2019年全国燗酒コンテスト 最高金賞》
《2021年クラマスター 金賞》
《2020年クラマスター 金賞》
《2019年クラマスター 金賞》
《2021年全国新酒鑑評会 入賞》
《2021年北陸三県新酒鑑評会 優等賞》
《2019年北陸三県新酒鑑評会 優等賞》
《2021年能登杜氏自醸清酒品評会 優秀賞》
《2020年 IWC ゴールド賞・リージョナルトロフィー》
《2019年 いしかわエコデザイン賞 銀賞》
《2020年 石川ブランド製品プレミアム石川ブランド認定》
《2019年 石川ブランド製品グッド石川ブランド認定》
《2019年 経済産業省「地域未来牽引企業」選定》
《2019年 はばたく中小企業・小規模事業者300社認定》
《2019年 石川県ワークライフバランス企業知事表彰》
《2020年 北陸農政局「ディスカバー農山漁村の宝」認定》

この料理にこのお酒

りんごジャムソースの冷製しゃぶしゃぶに 竹葉 能登牛純米

いか刺しといかの塩辛の薬味和えに 竹葉 いか純米

生牡蠣ともみじおろしに Chikuha Oyster

私の一本

中田洋助さん（34歳）
石川県能登町在住 漁師

竹葉 生酛純米 奥能登

お酒を口に含むと強い米の甘みがあり、そのあと海藻を食べたときのような旨みを感じます。最後までしっかり香りが広がり波のように引いていくので、能登の里海をイメージさせるお酒だと思います。強い料理にも優しい料理にも合わせやすいです！

数馬酒造ホームページ https://chikuha.co.jp/ 数馬酒造 検索

酒蔵ファイル
鳳珠酒造組合 *06*

中《なか》納《の》酒造 株式会社

［所在地］輪島市町野町寺山３字42
［創　業］1849（嘉永２）年
［蔵　元］中納 瑛子《えいこ》
TEL 0768-32-1130
FAX 0768-32-1131

見学は受けていません

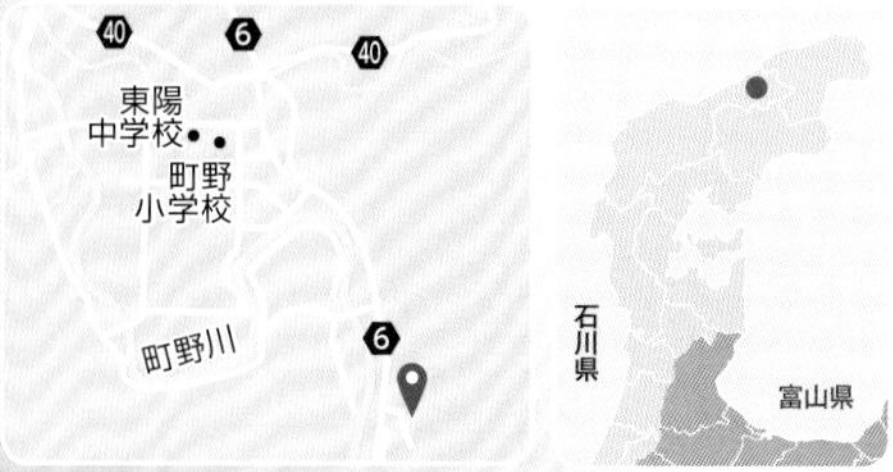

代表銘柄

若《わか》緑《みどり》

コクと旨《うま》みが調和した抜群の酒

能登の酒蔵

能《の》登《と》上《じょう》撰《せん》 黒《くろ》松《まつ》 若緑

山ろくに休蔵ひっそり「地酒」に徹する「若緑」

データ

本醸造酒〈通年商品〉

原料米：麹米／石川県産五百万石
　　　　掛米／石川県産一般米
精米歩合：65％
アルコール度：15.5度
日本酒度：＋3　酸度：1.8
税込価格：720㎖ 920円
　　　　　1.8ℓ 2,040円

味わいタイプ

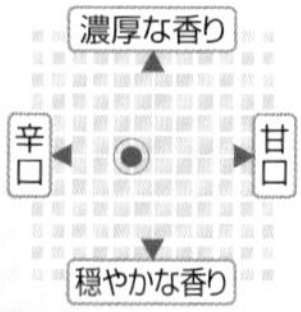

おすすめ温度

●米の旨みと味わいが調和し、和食との相性が抜群の日本酒です。ぬる燗《かん》もしくは冷やしてお召し上がりください。

輪島市の町野川の下流、町野平野の米どころ。名家中納《なかの》家18代治良三郎《じろさぶろう》が地主であった1849（嘉永《かえい》2）年、米を酒にして売ればと思いつき、若桑山《わかくわやま》から湧《わ》き出る清水《しょうず》を使って濁《にご》り酒《ざけ》を醸《かも》したのが始まりです。山ろくに休蔵がそのまま残っています。

1954（昭和29）年の法人化と同時に、「若桑山」の若と、屋敷内に常緑樹の杉の大木があったことから「若緑」と命名しました。純米酒、本醸造酒、普通酒の「若緑」のほか大吟醸もある「奥能登に根差した地酒」に徹しています。

蔵元おすすめ4銘柄

能登乃国 治良三郎

金紋 若緑

奥能登 町野川

晩酌 若緑

酒別：大吟醸酒	酒別：純米酒	酒別：本醸造酒	酒別：普通酒
アルコール度：15.5度	アルコール度：15.5度	アルコール度：14.5度	アルコール度：15.5度
味のタイプ：まろやか、やや甘口	味のタイプ：甘辛中間	味のタイプ：すっきり	味のタイプ：甘口
酒米：山田錦、五百万石	酒米：五百万石	酒米：五百万石	酒米：五百万石
精米歩合：50%	精米歩合：65%	精米歩合：65%	精米歩合：65%

わが蔵自慢

創業1849（嘉永2）年、法人化1954（昭和29）年の老舗ながら夫が亡くなってからは醸造は他蔵に委託し、わが蔵は諸道具などとともにそのまま残してあります。現在母屋は輪島塗の御膳で、メンバーが作った新鮮な野菜などで「能登日和《びより》」と名付けたお食事処として活用しております。

この料理で

「能登日和」の御膳

輪島塗の器に奥能登の海山の幸が盛られた御膳料理を堪能できます。地酒の「若緑」で旬《しゅん》の幸をぜひお楽しみください。

私の一本

晩酌 若緑

輪島市在住
会社員
山口久尚さん（49歳）

味がしっかりしていて、日本酒そのものを味わっているという感覚がたまりません。週末、休日前にゆっくりと日本酒を楽しむ際、飽きのこない飲み口が気に入って、5年ほど前から飲んでいます。刺身を肴《さかな》に熱燗《あつかん》でいただくのがおすすめです。

酒蔵ファイル
鳳珠酒造組合 *07*

株式会社 清水《しみず》酒造店

［所在地］輪島市河井町1部18の1
［創　業］1862（文久2）年
［蔵　元］清水 亙《わたる》
［杜　氏］清水 亙（蔵元杜氏）
TEL 0768-22-5858
FAX 0768-22-5868
URL http://notohomare.com/

見学可
要予約

代表銘柄

能《の》登《と》誉《ほまれ》

ほどよい香り
奥行きの
ある旨味

能登の酒蔵

能登誉 純米吟醸

輪島中心部で160年
愚直に醸して今五代目

データ

純米吟醸酒〈通年商品〉

原料米：山田錦、八反錦
精米歩合：50%
使用酵母：金沢酵母
仕込み水：輪島近郊山系の伏流水
アルコール度：15度
日本酒度：＋3.5　酸度：1.2
税込価格：720mℓ 2,039円
　　　　　1.8ℓ 4,070円

味わいタイプ

おすすめ温度

●兵庫県産の山田錦と広島県産の八反錦という2種類の酒造好適米を仕込んだ純米吟醸酒です。旨味と上品な香りを併せ持ち、和食とりわけ魚料理によくあいます。

２０２２(令和４)年に創業１６０年を迎える、輪島市中心部の河井町で酒玉を下げて来た老舗です。「能登誉」の名は、杜氏として起業した初代が、「能登を代表する誉高い酒となるように」との願いを込めて命名しました。

「飲み飽きない酒に」

現在、暖簾《のれん》を守るのは五代目の蔵元杜氏、清水亙社長(59)。「昔ながらの製法を愚直に守っていくのが私の役割」と語ります。それだけに、品質第一をモットーに、飲みやすく飲み飽きない酒を心掛けてきました。「やや端麗、やや辛口」を持ち味とし、レギュラー酒でも本醸造規格であり、ほぼ全銘柄が特定名称酒であることも、酒づくりにかける心意気を示しています。

こじんまりとした蔵で仕込みタンクに櫂を入れる清水蔵元杜氏＝輪島市河井町の清水酒造店

少数精鋭で醸《かも》すのがモットーで、清水蔵元の下、蔵人は4人、晩秋から早春への半年間が勝負どころです。酒造のピークでもパートを含め最多

酒かすづくりに余念のない蔵人＝清水酒造店

一献に込めた想い

蔵元杜氏 清水 亙さん

輪島は古くから北前船の寄港地として栄え、それだけに食文化の水準が高く、うちの歴代も食中酒の極みを目指してきたと思います。そのためには、飲みやすく飲み飽きない酒が真骨頂。丁寧な酒づくりしかありません。少人数で心ひとつに今後も醸していきます。

8人で蔵を守っており、「小さくてもうまい酒を造る蔵」を合言葉にしています。

清水蔵元は大学を卒業して10年ほど東京で働いていましたが、故あって里帰りして自蔵での仕事を決意。蔵人から酒造りを覚え、杜氏を務めて約10年になります。蔵元杜氏なので、営業、製造、経営と年中フル回転ですが、得意先のみならず、新規開拓した顧客からお褒《ほ》めの言葉をもらうと、これが何よりの心のハリになるそうです。

千枚田の名を借り新酒

ただ、これまでそんなに気張らずじっくりと営んできた家風を今後も変えるつもりはありません。県内販売が約80～85％と堅実経営です。

とはいえ、蔵元として新風を吹き込んでもきました。看板銘柄であり主力の「能登誉」とは別に、「奥能登輪島 千枚田」を新商品に加えたのがそれです。その名にふさわしく、酒造好適米の五百万石のほか、世界農業遺産に認定された輪島の千枚田で栽培されている一般米能登ひかりを酒造に活用しています。

新たに県産酒米のホープ「百万石乃白」も取り組んでいる清水さん。「意外に水を吸いにくい米だが香りが良いので面白い」とし、吟醸系のホープにしたいと意欲的です。

店内に並べられた能登誉のラインナップ＝清水酒造店

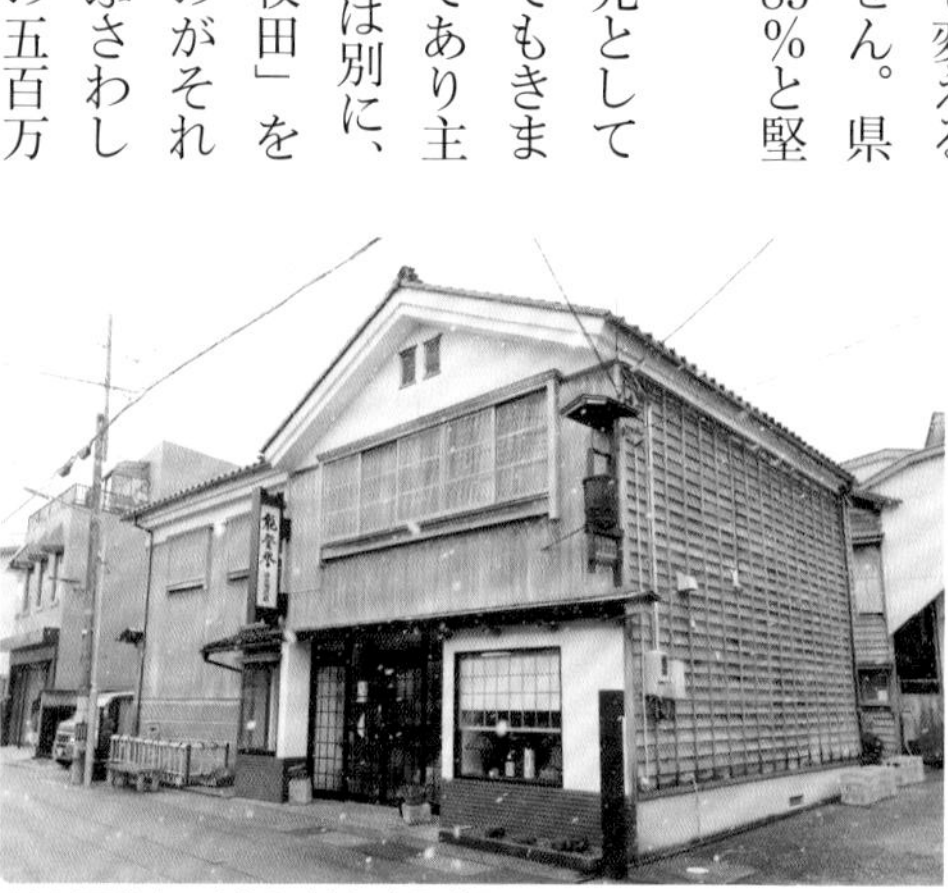
清水酒造店の外観＝輪島市河井町

蔵元おすすめ5銘柄

奥能登輪島千枚田

酒別：純米酒
アルコール度：15度
味のタイプ：穏やか
酒米：五百万石
精米歩合：60%

能登誉 大吟醸

酒別：大吟醸酒
アルコール度：17度
味のタイプ：フルーティー
酒米：山田錦
精米歩合：40%

能登誉 吟醸

酒別：吟醸酒
アルコール度：16度
味のタイプ：フルーティー
酒米：山田錦
精米歩合：50%

能登誉 純米石川門

酒別：純米酒
アルコール度：15度
味のタイプ：辛口
酒米：石川門
精米歩合：60%

能登誉 手作り辛口

酒別：本醸造酒
アルコール度：15度
味のタイプ：穏やか
酒米：五百万石
精米歩合：65%

主な受賞歴（過去3年）

《2019年 金沢国税局酒類鑑評会優等賞》

わが蔵自慢

千《せん》枚《まい》田《だ》の水墨画

先代蔵元の友人であった輪島市在住の故谷内茂さんが、輪島のシンボルである千枚田をモチーフにした作品です。墨の濃淡だけで、千枚田を描いており店内にずっと掲げていきたいとしています。

この料理にこのお酒

甘エビや白身刺身に
能登誉 純米吟醸

ブリ大根に
奥能登輪島千枚田

能登豚冷しゃぶに
能登誉 純米石川門

輪島市小伊勢町日隅出身
自動車販売修理業
沢田 洋一さん（78歳）

私の一本
能登誉 純米石川門

酒は楽しく飲むのが信条です。30歳の頃からやがて半世紀ほど飲んでます。銘柄は能登誉、純米系がいい。晩酌に熱燗で3合ほど、焼き魚や煮しめなどでゆっくり味わいます。酒は百薬の長だと思って生きてきました。

能登誉ホームページ　http://notohomare.com/　清水酒造店 検索

酒蔵ファイル
鳳珠酒造組合 **08**

日吉《ひよし》酒造店

［所在地］輪島市河井町2部27番地の1
［創　業］1912（大正元）年
［蔵　元］日吉 謙一
［杜　氏］日吉 智《あきら》（蔵元杜氏）
TEL 0768-22-0130
FAX 0768-22-9988
e-mail info@hiyoshisyuzou.com

見学可
要予約

代表銘柄
金瓢《きんぴょう》 白《しら》駒《こま》

お料理と一緒に味わって楽しめる日本酒

能登の酒蔵

朝市通りの百年超酒蔵 観光客にもウケる地酒

データ

大吟醸〈通年商品〉

原料米：山田錦
精米歩合：40%
使用酵母：協会1401号
仕込み水：敷地内の井戸水
アルコール度：15度
日本酒度：−1.0　酸度：1.7
税込価格：300mℓ 1,375円 720mℓ 3,102円 1.8ℓ 6,325円

味わいタイプ

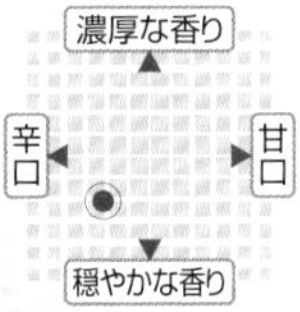

おすすめ温度

冷酒　常温　ぬる燗　熱燗
5℃　25℃

●穏やかな香りとお米の旨味との調和のとれた大吟醸、食中酒としてお料理と一緒に味わうとより一層味わいが楽しめます。

大吟醸 金瓢白駒

仕込みタンクに櫂を入れる日吉智杜氏＝輪島市河井町の日吉酒造店

輪島といえば朝市、コロナ禍で観光客が激減したホットスポットのほぼ真ん中に立地するのが、1912（大正元）年創業の「百年超酒蔵」日吉酒造店です。蔵元は4代目の謙一さんで、長男の智さん（47）が杜氏を務めます。

蔵人から出発、杜氏に

5年前にベテラン能登杜氏の浦上隆作さんからバトンを受けました。東京の大学を卒業し、里帰りして自蔵を継ぐことを決意。広島の醸造試験場で1年間、酒づくりの修業を積み、蔵人からスタートして今日があります。

自蔵で経験を重ねながら実感してきたのが「日本酒は食中酒だということ。おいしい料理と一緒に味わえる酒こそ真骨頂」との理でした。具体的にいうと「穏やかな香りと旨み」のある食中酒です。

窓越しに輪島港を望む検査室で酒の出来を確かめる智杜氏

一献に込めた想い

蔵元杜氏　日吉　智さん

観光客需要が激減したコロナ禍を機に、経営の在り方も変えなければならないと考えています。これまで地元を中心に販売してきましたが、将来的に過疎化が進むと思いますので地元以外への販売にも力を入れて行かなければと考えます。酒造りの方針は食中酒に変わりはありません。ただ、その中にも若い人や女性、普段日本酒を飲まない人たちを意識した日本酒も考えていきます。

仕込み水は里山伏流水

それは観光客にも通じ、無論、地元ファンにも通じるものです。地元にも観光客にも愛される地酒を支えるのが、蔵の地下から湧き出る仕込み水です。輪島近郊の里山からの伏流水で、やや硬水系、取り扱い銘柄全般が「辛口の軽いタイプで、後口にかすかな甘みが感じられる」出来に仕上がるそうです。

酒づくり終盤に酒槽を洗う蔵人

看板銘柄は「金瓢白駒」。創業に先立つある夜、初代蔵元の夢枕に金の瓢箪《ひょうたん》を付けた白の駿《しゅん》馬《め》が躍り出て、酒づくりを始めよとのお告げがあったそうです。これに従い家業として今日に至っています。戦前は、実際に白馬を飼い、毎年、春祭りでは氏神に奉納していたとのエピソードもあります。

杜氏となって5年、智さんは2019年、新たな試みとして挑戦したのが、県が11年かけて開発した「百万石乃白」です。「コロナでことしは控えたが、来年はまた挑戦したい」と意欲を示します。地酒は地元の米でつくるべきというのが理想で「手探りの中、無事お酒になってくれてよかった」との感想。県推奨の大吟醸より純米吟醸で挑んでいきたいそうです。

朝市通りのほぼ真ん中にある日吉酒造店＝輪島市河井町

蔵元おすすめ5銘柄

純米大吟醸 ささのつゆ

酒別：純米大吟醸酒
アルコール度：15度
味のタイプ：甘口
酒米：山田錦
精米歩合：50%

純米吟醸 おれの酒 Shiro

酒別：純米吟醸酒
アルコール度：16度
味のタイプ：甘口
酒米：百万石乃白
精米歩合：50%

純米吟醸 ささのつゆ

酒別：純米吟醸酒
アルコール度：15度
味のタイプ：辛口
酒米：五百万石・山田錦
精米歩合：55%

純米酒 おれの酒

酒別：純米酒
アルコール度：15度
味のタイプ：旨口
酒米：五百万石
精米歩合：60%

能登上撰 金瓢白駒

酒別：本醸造酒
アルコール度：15度
味のタイプ：辛口
酒米：一般米・五百万石
精米歩合：65%

わが蔵自慢

天狗の面

ものごころついた時から、蔵内のしめ縄の上に掲げられていたのを覚えています。天狗の面は古くから魔除けの功徳《くどく》があるとされ、蔵元としては安全安心の酒づくりを守っているシンボルに位置づけています。

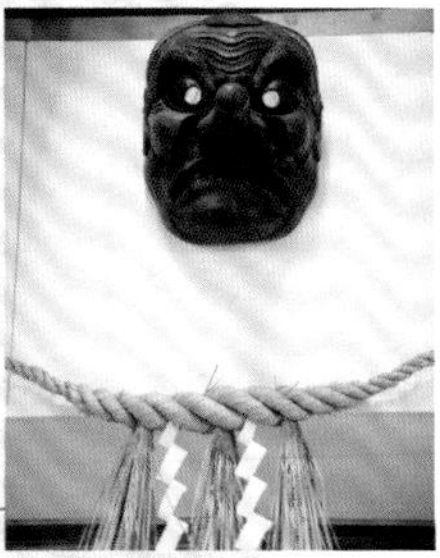

この料理にこのお酒

サザエのつぼ焼きに
純米吟醸 おれの酒Shiro

輪島フグのから揚げに
純米酒 おれの酒

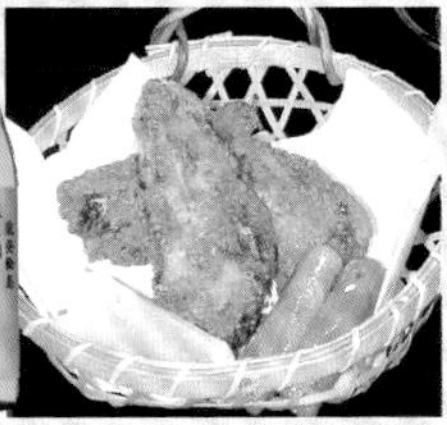

いしるの貝焼きに
能登上撰 金瓢白駒

福光満男さん（74歳）
輪島市河井町在住
輪島塗職人、僧職

私の一本
能登上撰 金瓢白駒

40年ほど前から毎日、晩酌で1合半ほど飲んでいます。やや辛目の上撰が好きです。そして、人肌より少し熱い燗酒がたまりません。魚でも肉でも何でも食べますが、金瓢白駒には地元の魚介類が合います。冬ではナマコの身の酢の物もいいけど、腸の塩辛の「このわた」は最高やねえ。

酒蔵ファイル
鳳珠酒造組合 09

株式会社 白《はく》藤《とう》酒造店

[所在地] 輪島市鳳至町上町24番地
[創　業] 江戸末期
[蔵　元] 白藤 喜一
[杜　氏] 白藤 喜一（蔵元杜氏）
TEL 0768-22-2115　FAX 0768-22-5524
e-mail info@hakutousyuzou.jp
URL http://www.hakutousyuzou.jp

見学は受けていません

代表銘柄

奥能登の白《しら》菊《ぎく》

創業時の北《きた》前《まえ》船《ぶね》廻《かい》船《せん》問《どん》屋《や》の屋号「白壁屋《しらかべや》」の「白」と菊酒《きくざけ》の「菊」で白菊と名付けられた

能登の酒蔵

奥能登の白菊 純米吟醸

農大卒夫婦軸《じく》に酒造り 能登杜氏の巨匠が指南

データ

純米吟醸酒〈通年商品〉

原料米：五百万石・山田錦
精米歩合：55%
使用酵母：協会1001号
仕込み水：酒蔵の裏山の山水
アルコール度：16度
日本酒度：–4　酸度：1.5
税込価格：720㎖ 2,200円
1.8ℓ 4,400円

味わいタイプ

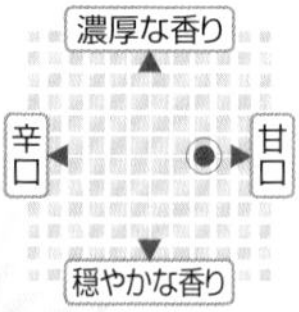

おすすめ温度

冷酒　常温　ぬる燗　熱燗

8〜40℃

●果実のような爽やかな吟醸香とやさしく品の良い甘みが特長であり、蔵の個性が表れている純米吟醸酒です。素材の味を活かした料理と相性が良いです。

洗ったばかりの酒米を手に取り確認する白藤喜一・暁子夫婦＝輪島市鳳至町上町の白藤酒造店

今や能登だけでなく、県内の酒造業界でもすっかり有名になりました。「東京農業大学醸造学科卒業のおしどり夫婦」。北前《きたまえ》船《ぶね》寄港地・輪島の廻船《かいせん》問屋《どんや》が江戸時代末期に酒造業を始めた老舗で、蔵元杜氏の白藤喜一さん(48)は九代目を継いで3年を過ぎ、妻の暁子《あきこ》さん(49)とともに、伝統を守りながら常に新商品を追求し続けています。

コシヒカリを酒米に

蔵元のバトンを受けた秋、喜一さんは、輪島市の山あい三井町《みいまち》で無肥料無農薬農業を営む新井寛《ひろし》さんから提案を受けました。「埼玉から移住し、農園を始めて10年目の記念にお客様へのプレゼントとして自分が作ったお米でお酒を仕込んでもらえませんか」。

喜一蔵元も新井さんのお米でお酒を仕込んでみたいと思っていました。もとよりコシヒカリは食用米であって酒造好適米ではありません。その冬、精米歩合65％で仕込み試飲すると「爽やかな香りと身に沁《し》みるようなやさしい味わ

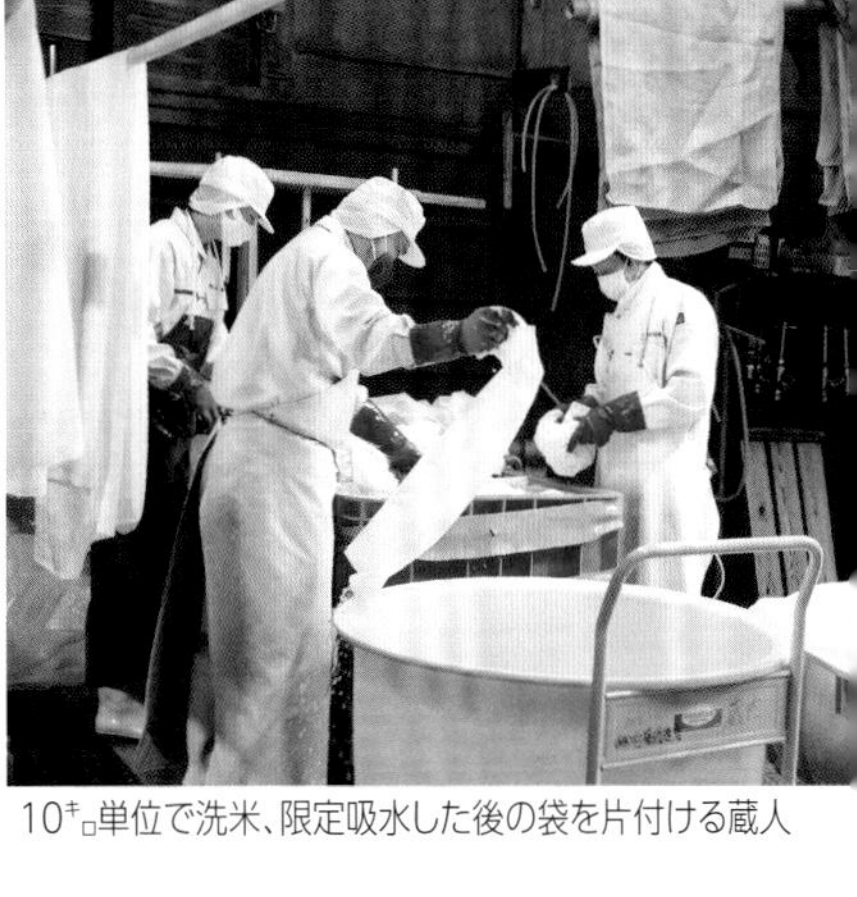

10キロ単位で洗米、限定吸水した後の袋を片付ける蔵人

一献に込めた想い

蔵元杜氏 白藤喜一さん

うちの仕込み水は、蔵の裏山からの軟水です。だからどちらかというと甘口となります。結晶の細かい上質の砂糖を「和三盆《わさんぼん》」といいますが、まさに和三盆のような、上質な甘みとやさしさのある地酒づくりを心掛けています。酒米は兵庫県産及び能登産の山田錦、五百万石のほか、食用コシヒカリも駆使し、質の高い清酒を目指します。

い」に感動、継続して仕込むことにしました。

夫婦ともに研究熱心で、新たな取り組みとして、生酛《きもと》系酒母《しゅぼ》による酒造りに挑戦しようとしています。生酛系酒母とは、天然の乳酸菌による乳酸を利用した昔からの製法で一般的な酒母よりも時間をかけて造られます。酒米の蒸しには和釜と甑《こしき》を使うこだわりようです。

苦難の時もありました。2007(平成19)年3月の能登半島地震です。震度6強の揺れに蔵はほぼ全壊しましたが、一部を残して建て直し、復旧しました。その時、夫婦に能登流を指南したのが、現在、宗玄酒造で顧問杜氏を務める坂口幸夫さん(74)です。

真の地酒を志向する一方で、輸出にも力を入れています。シンガポール、香港に加え、昨酒造年度から米国も輸出先に加わりました。

輪島塗職人街の一角にある白藤酒造店=輪島市鳳至町

今度は「百万石乃白」

令和に入り、夫婦に課せられた課題がもう一つあります。県産の酒造好適米「百万石乃白」で清酒を造ることです。2018酒造年度から取り組んでいますが「なかなか難しい酒米」との実感。しかし、「クセのないきれいな長所を活かして、白藤ブランドにしてみせます」。こう言ってにっこり笑う喜一蔵元には、もう活用の独自アイデアがひらめいているようです。

店番をする白藤妙子女将

蔵元おすすめ5銘柄

奥能登の白菊　純米大吟醸

酒別：純米大吟醸
アルコール度：16度
味のタイプ：フルーティー
酒米：山田錦
精米歩合：50%

奥能登の白菊　特別純米酒

酒別：特別純米酒
アルコール度：15度
味のタイプ：穏やか
酒米：五百万石・山田錦
精米歩合：55%

純米　輪島物語

酒別：純米酒
アルコール度：15度
味のタイプ：スッキリ
酒米：五百万石
精米歩合：60%

純米酒　寧音

酒別：純米酒
アルコール度：13度
味のタイプ：スッキリ
酒米：五百万石
精米歩合：60%

奥能登の白菊×奥能登自然栽培米

酒別：純米酒
アルコール度：15度
味のタイプ：穏やか
酒米：自然栽培米（コシヒカリ）
精米歩合：65%

主な受賞歴（過去3年）

《2021年クラマスター純米酒・五百万石部門 金賞》
《2020年金沢国税局酒類鑑評会 優等賞》
《2019年金沢国税局酒類鑑評会 優等賞》

わが蔵自慢

清酒の岡持ち

明治時代、地元の料理屋から注文を受けると、このような木づくりの岡持ちで配達していたんです。大事な顧客への気配りを象徴した道具です。

この料理にこのお酒

フグのいしる干しに
奥能登の白菊 特別純米酒

フグの卵巣糠《ぬか》漬《づ》けに
奥能登の白菊 純米吟醸

ナスとエビのいしる煮に
純米酒 寧音

私の一本

奥能登の白菊 純米吟醸

大崎庄右エ門さん（77歳）
輪島市鳳至町在住
輪島塗塗師屋

先代から白菊のファンを続けています。昔はもう少し甘みが勝っていたんですが、少し味わいがいい方に変わりました。毎日、晩酌で45℃くらいの燗にして、自作の輪島塗のお猪口《ちょこ》で味わうのが楽しみです。輪島塗の職人には、一日の仕事を終えて一献傾けるのが何よりなんです。

白菊ホームページ　http://www.hakutousyuzou.jp　白藤酒造　検索

酒蔵ファイル
鳳珠酒造組合 10

合名会社 中島酒造店

［所在地］輪島市鳳至《ふげし》町《まち》稲荷《いなり》町《まち》8番地
［創　業］1868（明治元）年
［蔵　元］中島 遼《りょう》太《た》郎《ろう》
［杜　氏］中島 遼太郎（蔵元杜氏）
TEL 0768-22-0018
FAX 0768-22-0018
e-mail info@notosuehiro.com
URL www.notosuehiro.com/

見学可
要予約

代表銘柄

能登末《すえ》廣《ひろ》

旨《うま》みと甘み
果実のような
香りの
調和した酒

能登の酒蔵

能登末廣 大《だい》吟《ぎん》醸《じょう》

父の遺志継ぎ自流追求 母子で売れる酒づくり

データ

純米大吟醸酒〈通年商品〉

原料米：山田錦
精米歩合：40%
使用酵母：明利
仕込み水：自社持ち山湧水
アルコール度：17.5度
日本酒度：±0　酸度：1.0
税込価格：720mℓ 2,970円
　　　　　1.8ℓ 6,600円

味わいタイプ

おすすめ温度

●代表銘柄「能登末廣」の最高峰です。旨みとふくらみのある能登杜氏流の造りで、口に含むと甘みと濃厚な米の旨みを感じ、華やかな香りと調和した酒です。

1868(明治元)年には酒造を行っていた150年酒蔵の蔵元を継いで7年。輪島市鳳至町稲荷町の中島酒造店の蔵元杜氏、中島遼太郎さん(33)は母の喜久子さん(62)とともに、醸造の喜びをかみしめる日々を過ごしています。2007(平成19)年の能登半島地震被災、同14年の父であり夫であった浩司《こうじ》さんの病死という酒蔵存亡の危機を乗り越えて、地元及び県内からの引き合いが安定的に推移しているからです。

仕込み蔵で「遼」を手にした中島遼太郎蔵元杜氏(右)と「紅い花」を手にした喜久子女将
=輪島市鳳至町稲荷町の中島酒造店

能登地震で蔵ほぼ全壊

能登半島地震では酒造の心臓部である蔵がほぼ全壊しました。当時、蔵元であった浩司さんはしばらく呆然《ぼうぜん》とした様子でしたが、かろうじて残った一部のタンクなどで07酒造年度(07年7月~08年6月)からの醸造再開を決断しました。女将《おかみ》の喜久子さんは大黒柱の不撓不屈《ふとうふくつ》の姿勢に感服するとともに、夫と二人三脚で

中島酒造店の外観=輪島市鳳至町稲荷町

一献に込めた想い

蔵元杜氏 中島遼太郎さん

蔵元を継いで7年も経ちましたから、独り立ちしなければなりません。亡き父は濃淳辛口の酒を醸してきましたが、私は甘口の酒にも結構、挑戦してきました。うちは地元のファンの地酒に徹する一方で観光客からの引き合いがあります。観光客にも選択の幅を広げてもらうため、私自身、「親離れ」して挑戦を続けます。

蔵を守る意思を固めたと振返ります。その時、遼太郎さんは大学1年でした。

ところが大地震から7年後の平成26年、浩司さんに末期がんが見つかり緊急入院、晩秋11月に遂に帰らぬ人になりました。享年60歳でした。輪島商工会議所職員となっていた遼太郎さんは、事業承継して蔵元を務め頑張るしかありません。足掛け4期にわたり、滋賀県の酒蔵で能登杜氏の下、修業を積みました。

遼太郎蔵元杜氏が手掛けたのは、亡き父が考案し未完成であったピンク色の純米にごり酒でした。父が遺した製造経過ノートとデータを基に、試行錯誤を重ねるしかありません。「どうしてこんな型破りの酒を思いついたんだろう」。そして完成。甘口で瓶もラベルも一工夫し、その名も「花おぼろ」としました。

名前から「遼」を創作

ここ7年の間に父の製法を受け継いだうえで、自前の流儀の酒づくりも行ってきました。父が主流としなかった甘口にも挑み完成させたのが、名前の一字をとった純米原酒「遼」です。県推奨の「百万石乃白」にも20年度から取り組み早速製品化、21酒造年度も出荷する予定です。

仕込み蔵でタンク内の醪《もろみ》の検温をする遼太郎蔵元杜氏

酒づくりに励む遼太郎蔵元杜氏

蔵元おすすめ5銘柄

能登末廣 遼

酒別：純米酒
アルコール度：16.5度
味のタイプ：甘口
酒米：山田錦
精米歩合：60%

百石酒屋のおやじの手造り

酒別：純米吟醸酒
アルコール度：17度
味のタイプ：辛口
酒米：五百万石
精米歩合：50%

能登末廣純米酒百万石乃白

酒別：純米酒
アルコール度：15度
味のタイプ：すっきり
酒米：百万石乃白
精米歩合：50%

純米桃色にごり酒花おぼろ

酒別：純米酒
アルコール度：8度
味のタイプ：甘口
酒米：五百万石
精米歩合：65%

能登末廣上撰

酒別：本醸造酒
アルコール度：14度
味のタイプ：旨口
酒米：五百万石
精米歩合：65%

わが蔵自慢

市景観重要建造物・樹木

令和２年３月、当酒造店の主屋、土塀、離れ、門塀が輪島市景観重要建造物に指定されました。「当地における酒造業の形式を今日まで残すものとして、価値の高い建造物である」と評価されました。同時に、中庭に年輪を重ねる「垂柳檜葉」が同景観重要樹木に指定されました。

先祖代々受け継いだもので中庭の灯籠も風格あるものです。

この料理にこのお酒

冷ややっこに
能登末廣 遼

タイの刺身に
能登末廣純米酒百万石乃白

モズク酢に
能登末廣上撰

輪島市在住
中道一男さん（73歳）

私の一本
能登末廣純米酒百万石乃白

甘口過ぎず、さっぱりとした味わいが良いです。煮しめなど野菜が多い料理にも合い、毎日の晩酌に2合程いただきます。若い頃から辛口が好みでしたが、最近は甘口もおいしいと思うようになり、色々試した結果、このお酒にたどり着きました。

能登末蓇ホームページ　www.notosuehiro.com/　中島酒造店　検索

酒蔵ファイル
鳳珠酒造組合 *11*

中《なか》野《の》酒造 株式会社

［所在地］輪島市門前町広瀬ニ5番の2
［創　業］1864（元治元）年
［蔵　元］中野 貴子《たかこ》
［杜　氏］中野 貴子（蔵元杜氏）
TEL 0768-42-0008
FAX 0768-42-0008

見学は受けていません

代表銘柄

能登 亀《かめ》泉《いずみ》

地域に根差して愛されてきた酒

能登の酒蔵

能登上《じょう》撰《せん》 亀泉

「本造り鐘の里」復活 總持寺七百年に合わせ

データ

普通酒〈通年商品〉

原料米：麹米／五百万石90%
　　　　掛米／石川県産一般米10%
精米歩合：70%
使用酵母：金沢酵母
仕込み水：古和秀《こわしゅうど》水近くの湧水
アルコール度：15.8度
日本酒度：+3　酸度：1.6
税込価格：1.8ℓ 2,180円

味わいタイプ

おすすめ温度

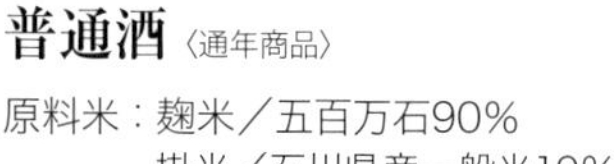

●地元の名水で仕込み、熟成させた落ち着きのあるさっぱりタイプの酒です。ぬる燗で旬の海の幸、山の幸を召し上がれ。

中野酒造の店頭に並べた亀泉と中野貴子蔵元＝輪島市門前町広瀬

幕末の元治元（1864）年に創業、現在の蔵元中野貴子さん（73）は七代目です。コロナ禍で令和2酒造年度は造酒を休止しましたが、前年度、令和3年に迎える曹洞宗總《そう》持《じ》寺《じ》祖《そ》院《いん》開創七百年に向けた仕込みをしました。本醸造「鐘の里」を相談役の中倉恒政さんとともに造ったのです。

以前からこの銘柄はありましたが、しばらく製造を休止していたのです。しかし、全国から参拝者のくる開創七百年の節目には、名前も山門をデザインしたラベルもふさわしいとして復活させました。

蔵全壊の危機乗り越え

創業150有余年になる老舗が最も危機に瀕したのは平成19（2007）年の能登半島地震でした。酒蔵がほぼ全壊し、一時、存続を断念しようかとも考えたほど。しかし、航空自衛隊航空救難員という異色の経歴から一転、昭和61（1986）年に婿《むこ》養子となってこの道に入った夫の隆さんの「この蔵は続けんなん」との熱意に女将の貴子さんはほだされました。

とはいえ隆さんは間もなく

總持寺祖院の山門をデザインした「鐘の里」のラベル

一献に込めた想い

蔵元杜氏 中野貴子さん

うちは昔から總持寺祖院の門前町に根差して、商圏を大きく広げることなく、じっくり酒づくりを行ってきました。その家訓だけは守って、私が健康である限り、「真の地酒」をつくっていきます。相談役の中倉恒政さんとともに、製法を守っていきます。やはり、名水と石川産酒米五百万石を組み合わせた、どんな料理にも合う酒が持ち味です。

他界。杜氏を務めた能登杜氏も病気でリタイアし、今は元ベテラン能登杜氏の相談役とともに醸造の灯をともし続けています。

仕込み水は「古和秀水《こわしゅうど》」

酒蔵のすぐ近くには国の名水百選「古和秀水」があり、その水源に近接する湧水を仕込み水にしています。古和秀水はミネラル分がほどほどで、どちらかというと、味に癖がなく、まろやかな口当たりです。それだけに歴代杜氏は、醸しやすい仕込み水であると折り紙を付けてきました。

体の続く限り、主に旧門前町に根差した「真の地酒」を醸していきたいとの思いは揺らぎません。

「亀泉」の名は、「鶴は千年、亀は万年」の験《げん》をかつぎ、飲むほどに明日への活力があふれ、長寿を保ち、優雅な味わいと香りが飲む人の心を慰め、久しく愛される酒にと願いを込めて命名されたそうです。

時折、先祖代々、大切に育ててきた黒松の老樹の幹をなで、初心に帰る貴子蔵元です。

豊かな枝ぶりの老松の幹をなでる貴子蔵元
=中野酒造

風情のある町家のつくりの中野酒造=輪島市門前町広瀬

蔵元おすすめ3銘柄

大吟醸 亀泉

酒別：大吟醸酒
アルコール度：17.5度
味のタイプ：芳醇
酒米：山田錦
精米歩合：40%

佳撰 亀泉

酒別：普通酒
アルコール度：15.3度
味のタイプ：すっきり
酒米：五百万石、普通米
精米歩合：70%

純米酒 亀泉

酒別：純米酒
アルコール度：16.5度
味のタイプ：まろやか
酒米：五百万石、普通米
精米歩合：60%

わが蔵自慢

「亀泉」の扁額《へんがく》

中野酒造2代目の中野初太郎が櫛《くし》比《ひ》村《むら》（現輪島市）の村長を務めており、石川県知事で官選20代目の沢田牛磨《うしまろ》氏（高知県出身）が揮毫《きごう》してくださったと伝わっています。奥能登に来られた時の「記念品」です。

この料理にこのお酒

いしりの貝焼き鍋に 大吟醸 亀泉

モズクの酢の物に 佳撰 亀泉

巻ぶりのつまみに 純米酒 亀泉

輪島市門前町広瀬出身
元寺院職員
塗師《ぬし》 政徳《まさのり》さん（78歳）

私の一本
能登上撰 亀泉

父が大の日本酒好きで、二十歳になって間もなくたしなみました。銘柄はご近所にある亀泉に限ります。夏なら冷やして、冬なら燗にしてゆっくり味わいます。魚でも肉でも好き嫌いはありません。老いてなお味わいに浸っています。

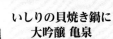

酒蔵ファイル
七尾酒造組合 **12**

合資会社 布《ふ》施《せ》酒造店

［所在地］七尾市三島町52の2
［創　業］1876（明治9）年
［蔵　元］布施　明
［杜　氏］武藤 直子
TEL 0767-53-0027
FAX 0767-53-0027

見学可
要予約

代表銘柄

天《てん》平《ぺい》

名は石動山《せきどうさん》
天平寺《てんぺいじ》より
由来する

清酒　天平（本醸造五年大古酒）

熟練技で醸す古酒
伝統蔵で地酒に徹し

データ

本醸造酒〈通年商品〉

原料米：石川五百万石
精米歩合：40％
使用酵母：協会10号
仕込み水：井戸水
アルコール度：19.5度
日本酒度：＋5　酸度：2.0
税込価格：1.8ℓ 2,000円 500㎖ 三年古酒 1,300円
五年古酒 1,500円 七年古酒 2,000円
1.8ℓ 三年古酒原酒 3,500円 五年古酒原酒 4,500円

味わいタイプ

おすすめ温度

冷酒　常温　ぬる燗　熱燗

15〜19℃

●美味求真。3年で山吹色の淡白な味、5年で琥珀色のしっかりしたコク、そして10年の年月土蔵に眠り、ワインレッドに変身した古酒に年月の重みを感じ取ります。

黒光りする太い梁《はり》が築年代の古さを物語る。玄関先に立つのは布施明蔵元

風格を漂わせる布施酒造店の外観=七尾市三島町

旧七尾城下町の一角、三島町。1876(明治9)年創業のどっしりとした風格ある建物の合資会社布施酒造店があります。蔵元の布施明さん(87)と弟の布施三樹さん(78)、妹の布施八重子さんが主に醸造にあたり、古酒、古古酒を「売り」に地酒の限定醸造に徹しています。

「とにかく元気である限り、頑張って続けていきます」。かつて七尾市内にいくつもあった酒蔵も、自社で醸造販売しているのは、今や布施酒造店だけになりました。とはいえ、市内に昔からの常連客は少なくありません。「ファンによって支えられているんです」。(八重子さん)。したがってコロナ禍も、思うほど売上に影響を与えなかったようです。

毎年、寒さが募る12月中旬、県外在住の姪の直子さんら親族を呼び寄せ、冬場短期集中の限定醸造を行います。

4000リットルのタンクに酒を仕込み、その半分を3年間熟成させて3年酒に、残

一献に込めた想い

蔵元 **布施 明さん**

「美味求心」をモットーに、古酒に挑み続けて30年以上になります。きっかけは、売れ残った「特級酒」を「もったいない」からとタンク内に保管し、10年経ったものを飲んだら、独特の味わいだったことにあります。

じっくり熟成した古酒はアミノ酸やビタミンなどを含み、肝臓にやさしく、文字通り「百薬の長」です。

り半分を5・7・10年酒に仕込み、「看板酒」とします。

蔵の2階には木造土壁の酒造場がそのまま残る

首都圏からもパソコン注文

古酒は年月を経るほど、山《やま》吹《ぶき》色から琥《こ》珀《はく》色へと変化し、最古酒の10年酒はワインレッドと、味と香りに加えて色合いも楽しめます。この特長を求めて、八重子さんによると、遠く首都圏からもパソコンで注文が舞い込むほど。

もちろん、寒仕込みの新酒も出荷しており、こちらは明けて翌年の2月1日から5月の黄金週間が「売り時」です。

商標「天平」の由来は、明さんによると、その昔、七尾に近い旧鹿島郡にそびえる石動山の天平寺だそうです。それゆえラベルも観音様や仏さまが多く、東京芸大出の兄謹爾さんが絵筆を執りました。

親族ぐるみで、築1世紀を超えた酒蔵、木製の道具を手繰る酒づくりは「七尾の酒造習俗」として国選択無形民俗文化財に指定されています。

この蔵にしてこの古酒あり。蔵を守っていくのも大変ですが、冬期、集中して仕込む作業も体力消耗は半端ではありません。春・夏・秋は専《もっぱ》ら来たる本番のために、気力、体力を養い整えるのだそうです。

かつて立ち飲みもできた構造の店先

蔵元おすすめ5銘柄

清酒 天平 七年古古酒

酒別：本醸造酒
アルコール度：19度
味のタイプ：濃厚
酒米：石川五百万石
精米歩合：40%

純米吟醸 あらばしり

酒別：純米吟醸酒
アルコール度：19.5度
味のタイプ：スッキリ
酒米：百万石
精米歩合：40%

風土記の丘

酒別：本醸造酒
アルコール度：19度
味のタイプ：辛口・穏やか
酒米：石川五百万石
精米歩合：40%

天平寺

酒別：本醸造酒
アルコール度：19度
味のタイプ：辛口・穏やか
酒米：石川五百万石
精米歩合：40%

清酒 天平 本醸造 五年大古酒

酒別：本醸造酒
アルコール度：15度
味のタイプ：辛口・穏やか
酒米：石川五百万石
精米歩合：40%

わが蔵自慢

蔵の建物は国や県、市の文化財ではありませんが、「文化財級」だと思って大事にしています。特に「ふね」と呼ぶ、酒を搾る時に使う酒槽は木製で今も活用しています。蔵2階の木造土壁の作業場など、すべて先祖からの預かり物ですから、今いる親族で命の限り大切にしていきます。

この料理にこのお酒

タイの刺身に 七年古古酒

タラ鍋に 五年大古酒

モズク酢に 三年古酒・上撰天平

私の一本

清酒天平（本醸造五年大古酒）

大森 貞さん（81歳）
七尾市白銀町在住
元七尾市職員

もう20年ほどになりますか。「天平」の本醸造五年大古酒の一升瓶を友にしてきました。日本酒本来の味わいとクセの無いところが何とも言えません。毎日、晩酌で2合ほど燗でいただくのが楽しみです。

酒蔵ファイル
七尾酒造組合 *13*

有限会社 春《はる》成《なり》酒造店

［所在地］七尾市今町15番地
［創　業］1865（慶応元）年
［蔵　元］春成 克進《よしのぶ》
［醸造委託先］金谷酒造店（白山市）
TEL 0767-52-0120
FAX 0767-52-7135

見学は受けていません

代表銘柄
春《はる》山《やま》

飲み飽きない
キレと
まろやかさ

慶応からの酒づくり
主屋は国有形文化財

本醸造　春山

データ

本醸造酒〈通年商品〉

原料米：五百万石、その他酒造好適米
精米歩合：65%
使用酵母：協会7号
仕込み水：白山手取川の伏流水
アルコール度：15.5度
日本酒度：+3.0　酸度：1.6
税込価格：1.8ℓ 2,080円

味わいタイプ

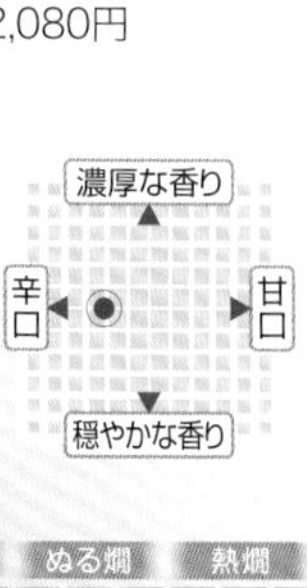

おすすめ温度

冷酒　常温　ぬる燗　熱燗

8〜15℃

●上品なコクと穏やかな香りで、料理との相性が良い当蔵のレギュラー酒です。お料理に合わせてお好みの温度でお召し上がり下さい。

吉野山の山桜に魅せられて命名

もともと七尾で能登上布《じょうふ》の原料などを商っていた春成家の4代目が慶応元（1865）年、七尾城下町の一角である現在地で酒造業を始めました。

主要銘柄「春山」の名は、5代目当主が千本桜で名高い吉野山を訪れ、山桜の美しさと生命力に感じ入り、「春の山には勢いがある」と付けました。

蔵元おすすめ3銘柄

春山 大吟醸

酒別：大吟醸酒
アルコール度：15.6度
味のタイプ：淡麗辛口
酒米：山田錦
精米歩合：50%

春山 純米吟醸

酒別：純米吟醸酒
アルコール度：15.5度
味のタイプ：辛口
酒米：石川門
精米歩合：50%

春山 特別本醸造

酒別：特別本醸造酒
アルコール度：15.8度
味のタイプ：やや辛口
酒米：五百万石
精米歩合：60%

わが蔵自慢

1997（平成9）年に新築された本宅主屋は「せがい構造」を持つ七尾町家で、その建築特徴と酒造屋敷独特の空間構成により、2005年に国の「登録有形文化財」となりました。蔵ではときどきライブや日本酒カクテルの講習などを行っています。

この料理にこのお酒

バジルソースのカプレーゼに 春山 大吟醸

白身魚のカルパッチョに 春山 純米吟醸

ベーコンのラタトゥイユに 春山 特別本醸造

私の一本 春山 純米吟醸

西海ひとみさん（58歳）
七尾市神明町出身 主婦

私のカフェで、春山をベースにした日本酒カクテルなどを提供しています。おすすめは「春山 純米吟醸」ですね。

酒蔵ファイル
七尾酒造組合 *14*

鳥《とり》屋《や》酒造 株式会社

[所在地] 鹿島郡中能登町一青《ひとと》ケ部96番地
[創　業] 1919（大正8）年
[蔵　元] 川合《かわい》 喜好《きよし》
[杜　氏] 川井《かわい》 大樹《ひろき》

TEL 0767-74-0013　FAX 0767-74-1139
URL https://ikezuki.net

見学は受けていません

代表銘柄

池《いけ》月《づき》

穏やかな香りとのど越しの良さ

大吟醸　池月　KZ-4

能登の酒蔵

巨匠二人より技伝授　気鋭の新杜《と》氏《じ》腕揮《ふる》う

データ

大吟醸〈通年商品〉

原料米：山田錦
精米歩合：40%
使用酵母：北酒研ＫＺ-4
仕込み水：眉丈山系の伏流水
アルコール度：16度
日本酒度：＋5　酸度：2
税込価格：720㎖ 3,514円
　　　　　1.8ℓ 7,029円

味わいタイプ

おすすめ温度

冷酒　常温　ぬる燗　熱燗

5〜30℃

●兵庫県産の山田錦でじっくり醸し、米の旨みと香りを追求した逸品です。

仕込み蔵で談笑する(左から)川井大樹杜氏、川合喜好蔵元=中能登町一青の鳥屋酒造

看板銘柄「池月」の杜氏が交代して5年が過ぎました。現在、気鋭の川井大樹さん(50)が務めています。当初、前杜氏の「完全コピー」に徹した川井さんは最近ようやく、池月本来の持ち味に、少しずつ自前流儀をにじませつつあると話します。

機械メーカーから転進

金沢出身の川井杜氏は4年制大学を卒業して8年間、県内の機械メーカーに勤めました。ある事情から退社することになり30歳で全く畑違いの酒づくりの仕事に就きました。子供の頃、酒蔵に勤める祖父の話に感動し、酒づくりへの憧れを抱き続けていたのです。加賀市の鹿野酒造に再就職しました。

蔵人からの再出発の師匠は当時「能登杜氏四天王《してんのう》」と呼ばれた農口《のぐち》尚彦さん。指導の厳しさには定評があり、酒づくりの基礎をみっちり教わったと述懐します。鹿野酒造に

仕込んだ醪の具合を見る川井杜氏

一献に込めた想い

蔵元
川合喜好さん

池月の名は源頼朝の愛馬が能登産駒「生《いけ》唼《づき》」であった故事によると伝わってきました。もともと、上酒の「池月」と並酒の「能登正宗」を看板銘柄にしていましたが、戦後、とりわけ昭和の終わりごろ、問屋を関与させず、「北陸まちの酒屋の会」を中心に販売網を拡げました。うまいという味を守り続けています。

は11年いて農口さんが退職した1年後、ある人から鳥屋酒造の柳矢《やなぎや》健清《けんせい》杜氏を紹介されました。柳矢さんは温厚な能登杜氏で知る人ぞ知る巨匠。池月の名も金沢に「うまい酒」としてつとに知られ、「ここで第二の酒づくり人生を送ろう」と決意しました。

鳥屋酒造の川合喜好蔵元も既に柳矢杜氏が退職を申し出、後継者を探していたところで「渡りに船」でした。

「柳矢さんは私に何でも任せてくれました」。川井杜氏は、柳矢前杜氏から「これでいい」とお墨付きをもらったと順調だった承継を控えめに語ります。

しかし、バトンを渡されてしばらくは、にわかに酒が変わったと変な噂《うわさ》が立つことを恐れ、愚直に柳矢流を守りました。

「百万石乃白」に挑む

もっとも、そろそろ川井流を出そうと思っていた矢先、巡り合えたのが県産の新たな酒造好適米「百万石乃白」です。早速、2020酒造年度から「純米吟醸」で挑みました。

「実際に使ってみて県からもらった資料とは違う」と言いながら、「きれいな味わいで、来年はもう少し味をのせようと思う」と、もう来酒造年度に思いを馳《は》せています。

蔵人時代に当時の柳矢健清氏（左端）と仕込みを語る川井氏（右端）
=鳥屋酒造

鳥屋酒造の社屋=中能登町一青

蔵元おすすめ3銘柄

純米 池月

池月 みなもにうかぶ月

純米大吟醸 池月

酒別：純米酒
アルコール度：15度
味のタイプ：なめらか
酒米：五百万石
精米歩合：55%

酒別：吟醸酒
アルコール度：16度
味のタイプ：すっきり
酒米：山田錦、五百万石
精米歩合：50%

酒別：純米大吟醸酒
アルコール度：16度
味のタイプ：旨み
酒米：山田錦
精米歩合：50%

主な受賞歴（過去3年）

《2021年 金沢国税局酒類鑑評会 優等賞》
《2020年 金沢国税局酒類鑑評会 優等賞》

わが蔵自慢

半世紀以上経た木製酒槽

しぼりの工程で欠かせないのが酒槽（通称・ふね）です。終戦直後からこの木製酒槽でしぼってまいりました。全部木製ではなく、外側と内側はほうろうびきされています。（2016年1月）

この料理にこのお酒

タイの刺身に
純米 池月

冷ややっこに
池月 みなもにうかぶ月

コウバコガニに
純米大吟醸 池月

西本邦子さん（67歳）
金沢市在住
おさけやさん西本代表

私の一本
純米 池月

今はなき夫が好きだった「純米 池月」がイチ押しです。私自身は下戸ですが、コップ1杯ならこのお酒はスーと飲めます。すっきりした味わいの食中酒ですね。あまりお酒らしくないところがいいんです。おそらく、どんな食にも合うでしょう。

池月ホームページ **https://ikezuki.net** 鳥屋酒造 検索

酒蔵ファイル
七尾酒造組合 *15*

御《み》祖《おや》酒造 株式会社

[所在地] 羽咋市大町イ8番地
[創　業] 1921（大正10）年
[蔵　元] 藤田 美穂
[杜　氏] 横道 俊昭（能登杜氏）
TEL 0767-26-2320　FAX 0767-26-2339
e-mail mioya@sky.plala.or.jp
URL www.mioya-sake.com

見学は受けていません

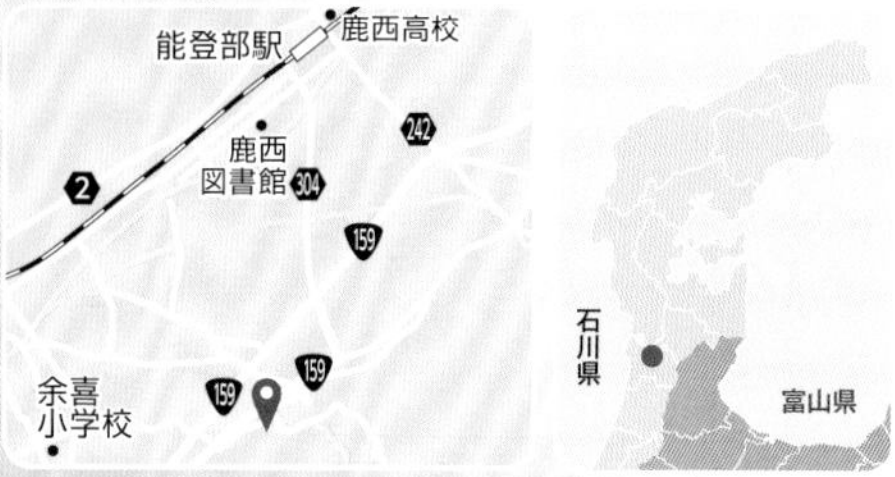

代表銘柄

遊《ゆう》穂《ほ》

主役である
お料理に
寄り添う
日本酒です

能登の酒蔵

料理に寄り添う酒を
二人三脚で新ブランド

データ

純米吟醸酒〈通年商品〉

原料米：美山錦、山田錦
精米歩合：55%
使用酵母：熊本酵母
仕込み水：石動山の伏流水
アルコール度：16度
日本酒度：+5　酸度：1.8
税込価格：720㎖ 1,549円
　　　　　1.8ℓ 2,995円

味わいタイプ

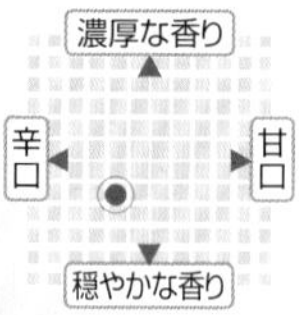

おすすめ温度

冷酒　常温　ぬる燗　熱燗

10〜16℃

●米の凝縮された旨味と調和した酸、適度な熟成による柔らかな口当たりが特徴、香り控えめな吟醸酒です。和、洋、中、幅広いタイプのお料理に寄り添える日本酒です。

遊《ゆう》穂《ほ》　純《じゅん》米《まい》吟《ぎん》醸《じょう》

酒づくりを話し合う（左から）藤田美穂蔵元、横道俊昭杜氏＝羽咋市大町の御祖酒蔵

Ａ４サイズ表裏のカラーリーフレットにある「御祖酒造の目指す酒造り」が百年酒蔵のここ十数年で成し遂げた大変革を簡潔に語っています。

「御祖酒造は常識や伝統だけに囚《とら》われず、常に革新の精神を忘れずに酒づくりをしています。真摯《しんし》に酒と向き合い、その声を聞きながら、日々日本酒の可能性を追求してこそ、我々の目指す酒づくりに辿《たど》り着くのだと信じています」

東京で生まれ育った会社員女性と大阪の公務員から酒づくりに転身した男性杜氏が２００５（平成17）年に取り組んだのが１９２１（大正10）年創業蔵の新規まき直しでした。

いま代表取締役社長の藤田美穂さんが当時、御祖酒造の実務を行っていた叔父の死去に伴い、七尾出身の父から経営を任されたのです。「蔵人見習い」の一社員として入社しましたが、その後入社してき

仕込み蔵で櫂を入れる横道杜氏

一献に込めた想い

杜氏 横道俊昭さん

藤田代表は「一から新しいお酒つくろう」と言われ、私も全く同じ気持ちで取り組みました。前にいた蔵から変わろうと思っていた矢先、属する能登杜氏組合に紹介され、何といい環境、ここで一生を終わりたいと決意しました。食に寄り添う日本酒を醸していきたいと思っています。まじめに取り組むしかありません。

た杜氏の横道俊昭さんと意気投合。看板銘柄「ほまれ」が本醸造や普通酒が専《もっぱ》ら地元で親しまれてきたのに対し、議論を重ねて新ブランド開発に乗り出しました。

「香りが穏やかで酸とお米の旨味がしっかりと効いた食中酒」が造酒のコンセプト。

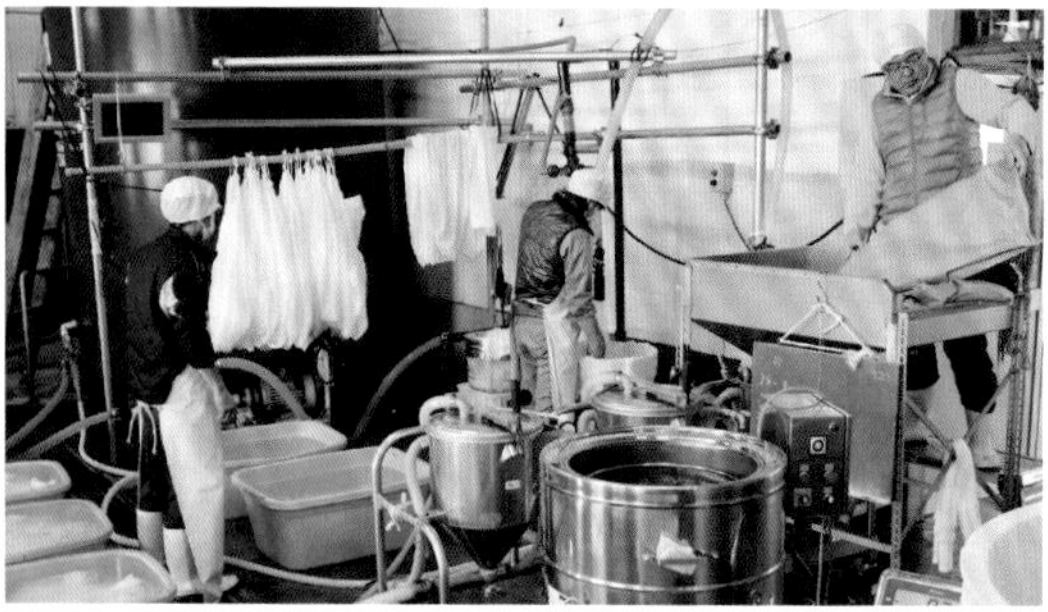

寒中の洗米作業

積んでは崩すの試行錯誤を重ねて遂に翌酒造年度、新ブランドが誕生しました。

新ブランドは誕生したものの名前が付かず、出荷の日が迫る中、「蔵のある羽咋市はUFOの町やから、『ゆーほ』でどうです」と提案したのは横道杜氏。響きの良さに感じ入った藤田蔵元は「遊びの遊と稲穂の穂をあてたらいい」と呼応し即決しました。

関西や首都圏・地元で愛飲の輪

「ほまれ」は「長年ご愛飲していただいたお客様を裏切らないように」、従来の味を維持しています。「遊穂」は、無名でも酒質や味で評価を得て、関西、首都圏の地酒専門店で取り扱ってもらえるようになり、その輪は少しずつ拡大しています。少し遅れて金沢でも販路を築くことができ、現在は地元羽咋でも「少しずつ認知されてきました」と藤田蔵元。一方、海外の販路も開拓。まず米国、中国、シンガポール、そして欧州へと広げました。

麹菌を蒸し米に振りかける「種きり」

蔵元おすすめ5銘柄

遊穂 純米酒

酒別：純米酒
アルコール度：15度
味のタイプ：濃醇旨口
酒米：能登ひかり、五百万石
精米歩合：60%

遊穂 山おろし純米

酒別：純米（生酛）酒
アルコール度：15度
味のタイプ：軽快濃醇旨口熟成
酒米：能登ひかり、五百万石
精米歩合：60%

ほまれ 本醸造

酒別：本醸造酒
アルコール度：15度
味のタイプ：辛口
酒米：五百万石、石川県産うるち米
精米歩合：65%

ほまれ 純米吟醸

酒別：純米吟醸酒
アルコール度：15度
味のタイプ：辛・旨口
酒米：五百万石
精米歩合：57%

ほまれ 大吟醸

酒別：大吟醸酒
アルコール度：16度
味のタイプ：軽快旨口
酒米：山田錦
精米歩合：40%

この料理にこのお酒

治部煮に
遊穂 純米酒

ぶりしゃぶに
遊穂 純米吟醸

能登前寿しに
ほまれ 本醸造

大阪市都島区在住
飲食店"日本酒とお食事 はちどり"経営
三原さんご夫婦

私の一本

遊穂 純米吟醸
遊穂 純米酒

遊穂は幸せなひと時を味わえるお酒です。お店の常連さんからは安定のお酒、「やっぱり美味しいな！」という言葉が飛びかいます。色々なお料理を受け止めてくれて呑みだすとずっと呑める、冷たくも常温も燗酒も、お料理に、呑み手にも寄り添ってくれるお酒です。私たちも家でご飯を食べて遊穂を呑むと、「あ～」体に染み渡るなぁと実感して2人で目を合わせてにっこりします。

遊穂ホームページ　www.mioya-sake.com　御祖酒造 検索

酒蔵ファイル
金沢酒造組合 **16**

株式会社 久《く》世《ぜ》酒造店

［所在地］河北郡津幡町清水イ122
［創　業］1786（天明6）年
［蔵　元］久世 嘉宏《よしひろ》
［杜　氏］北川 真治
TEL 076-289-2028
FAX 076-289-4606
e-mail info@choseimai.co.jp
URL www.choseimai.co.jp/

見学可
要予約

代表銘柄

長《ちょう》生《せい》舞《まい》

30年間じっくり
熟成された
希少な大吟醸

金沢の酒蔵

超《ちょう》古《こ》大《だい》吟《ぎん》30 長生舞

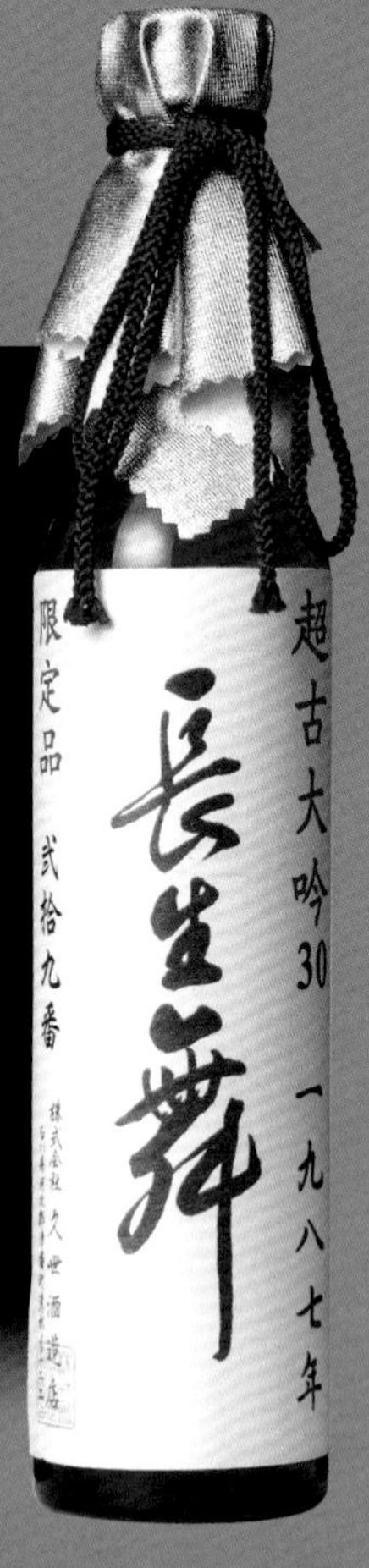

新カラー徐々に出す 230年独自の価値

データ

大吟醸酒〈通年商品〉〈限定数量品〉

原料米：山田錦
精米歩合：50%
使用酵母：金沢酵母
仕込み水：自社地下水（硬水7.62度）
アルコール度：17度
日本酒度：＋4.0　酸度：1.6
税込価格：500㎖ 33,000円

味わいタイプ

おすすめ温度

冷酒　常温　ぬる燗　熱燗

8～15℃　20～25℃

●山田錦を精米歩合50%まで磨き、仕込水は自社地下水（硬水）を使い、長期低温発酵により造ったこだわりの大吟醸酒を、30年以上じっくり熟成させました。

昔ながらの木造蔵で櫂をつく北川真治杜氏=津幡町清水の久世酒造店

2018(平成30)年に代表取締役社長として232年続く酒蔵の9代蔵元となった久世嘉宏さん(42)は、最近ようやく自分のカラーを出せるようになってきたと話します。嘉宏蔵元の就任翌年に、急逝した先代一嘉さんが遺した仕事は多岐にわたっており、戸惑ったことも一再ではありません。

事業承継でUターン

もっとも、何事も体験し理解して歩を進める性分がプラスに働きました。大学は東京に出て、そのまま都内の異業種の会社に就職し、数年後に自社に戻ったのは、確か能登半島地震のあった頃だと振り返ります。一嘉さんの体調不良を受け、事業承継を前提にしての里帰りでした。

あらためて伝統ある酒蔵の現状に目を凝らすと、久世酒造ならではの付加価値のいくつかに気づきました。主には2つ。ひとつは、創業した天明6(1786)年以来、自前の水田で独自の酒米「長生米」を栽培し続けていること。こ

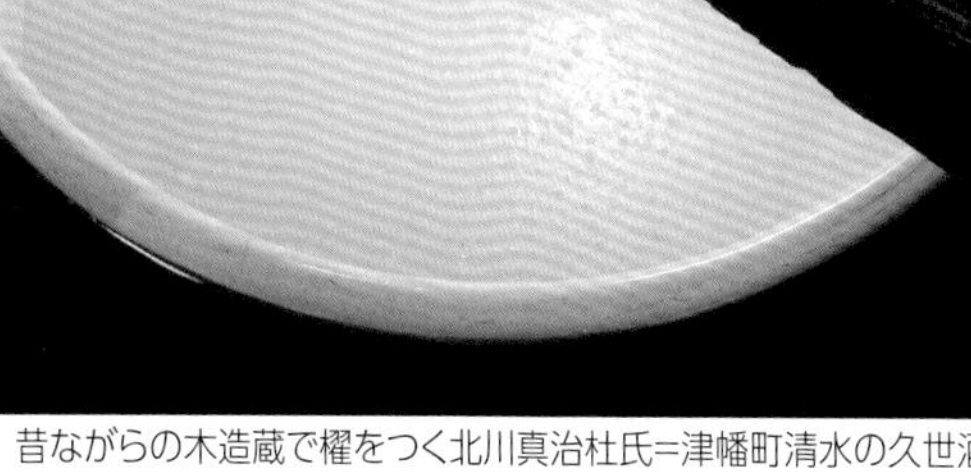

旧北国街道沿いにある久世酒造店ビルの1階販売フロア

一献に込めた想い

杜氏
北川真治さん

この蔵に入って20年超、杜氏に就いて10年超になります。仕込み水は、蔵の敷地内井戸の硬水と蔵に近い里山の清水の軟水を酒によって使い分け、酒米は津幡にある自社田で採れる「長生米」を主に使います。長生米は普通の酒米よりもとけやすいものの、味はのりやすいのが特長です。コシがあってキレのよい酒づくりを心がけています。

の酒米は、米の中心にあり白く濁って見える心白が、しっかりして大粒なのが特長です。

もう一つは仕込み水。酒蔵にほど近い里山のふもとに湧き出る「霊水清水《しょうず》」（軟水3・07度）と、蔵の敷地内の井戸水（硬水7・62度）とを工程により使い分けて醸造しているのです。

長らく看板酒となってきた「長生舞」と「能登路」を継承していく一方で、一嘉さんの遺した10年、20年、25年の古酒路線を踏襲しながら、自分カラーも出していこうと決意しました。

蔵に近い里山のふもとに湧出する「霊水清水」に手をやる久世蔵元=津幡町清水

名将銘酒の石川代表

蔵元になってからの取り組みとして、県の新酒米「百万石乃白」を使った新商品や、亡父の想いのこもった、漫画家松本零士監修の「戦国のアルカディア 名将銘酒47撰 石川県代表『前田利家公とお松の方』」があります。これは前田家18代当主の利祐《としやす》さんの推挙を受けてつくったもので、藩政期から前田家に仕えた先祖代々への恩返しの意味も込めたと胸を張ります。

嘉宏蔵元は今後も新しい商品開発や新機軸を考えていきながらも、継承して行くべきは継承し、9代目の道を着実に歩みたいと考えています。

店番をする嘉宏蔵元の母

蔵元おすすめ5銘柄

能登路 大吟醸	能登路 特別純米酒	長生舞 特別純米酒	長生舞 純吟「前田利家公とお松の方」戦国のアルカディア名将銘酒47撰	長生舞 清水仕込み

酒別：大吟醸酒	酒別：特別純米酒	酒別：特別純米酒	酒別：純米吟醸酒	酒別：普通酒
アルコール度：17度	アルコール度：15度	アルコール度：15度	アルコール度：15度	アルコール度：15度
味のタイプ：やや辛口	味のタイプ：辛口	味のタイプ：辛口	味のタイプ：やや辛口	味のタイプ：やや甘口
酒米：山田錦他	酒米：長生米	酒米：長生米	酒米：五百万石	酒米：長生米他
精米歩合：40%	精米歩合：60%	精米歩合：60%	精米歩合：55%	精米歩合：65%

主な受賞歴（過去3年）

《2018年 能登杜氏組合自醸清酒品評会 優秀賞》

わが蔵自慢

酒屋土用洗図

嘉宏蔵元の祖父の久世家7代嘉太郎が作成した版画として伝わります。昔の造り酒屋の様子が子細に描かれています。藩政中期からの長い歴史を物語る1枚です。

おすすめの当社商品

ぬり漬の素

先代の一嘉蔵元が商品化した調味料で、キュウリやナス、ニンジンなどの漬物にはこれを塗るだけで味わいは、とてもコクのあるものになります。また豚や鶏の肉にぬり焼き肉にするとまた乙な味わいです。

金沢市岸川町在住
自営業
皿井文夫さん（71歳）

私の一本
長生舞 寿

久世酒造店の「長生舞　寿」が好きで、わが家から近くにある本店に直接買いにいきます。1日おきに晩酌し、1回にだいたい1合5勺《しゃく》飲みます。刺身などを肴《さかな》に、じっくり味わうひとときは最高です。

長生舞ホームページ　www.choseimai.co.jp/　久世酒造店　検索

酒蔵ファイル
金沢酒造組合 17

やちや酒造 株式会社

[所在地] 金沢市大樋町8番32号
[創　業] 1583（天正11）年
[蔵　元] 神谷 昌利
[杜　氏] 山岸 昭治
TEL 076-252-7077　FAX 076-252-7449
e-mail yachiyasake@gmail.com
URL http://www.yachiya-sake.co.jp

見学可
要予約

代表銘柄

加《か》賀《が》鶴《つる》

やわらかな
口当たりの
旨《うま》口《くち》酒《ざけ》

金沢の酒蔵

加賀鶴　前田利家公　特別純米

「新酒米」へ道開く
藩主用達の伝統蔵

データ

特別純米酒〈通年商品〉

原料米：五百万石
精米歩合：60%
使用酵母：701号
仕込み水：医王山水系の伏流水
アルコール度：15.5度
日本酒度：+1　酸度：1.6
税込価格：300㎖ 680円 720㎖ 1,760円
1.8ℓ 3,300円

味わいタイプ

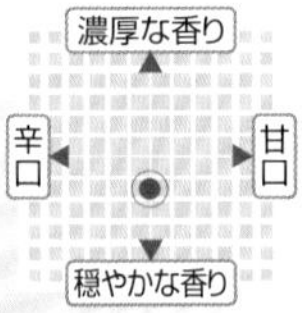

おすすめ温度

●前田利家公専用の酒造りから始まったことを記念して発売されたお酒。

旧北国街道に面したやちや酒造。「清酒 加賀鶴」の暖簾と杉玉が軒先に＝金沢市大樋町

旧北国街道沿いの大樋町《おおひまち》で創業したのは、加賀藩祖前田利家が金沢城に入った1583（天正11）年と家伝にあり、利家に従い尾張から金沢入りした神谷内屋仁右衛門が殿様専用の蔵を開いたとされます。

幕藩体制が安定した1628（寛永5）年、「谷内屋」の屋号と「加賀鶴」の酒銘を下付され、以来390年余、醸造に邁進《まいしん》してきました。現在の蔵元は18代目、神谷昌利蔵元が務めます。

神谷蔵元は、最近の自蔵ニュースとして、石川県が大吟醸用に開発した酒米「百万石乃白」の試験醸造蔵となったことを掲げます。県農林総合研究センター農業試験場から、当初の「石川酒68号」に実用のメドが立った際、一定量の酒にするよう要請されたのでした。「当社が選ばれたのは光栄です。この酒米で近未来は勝負したいですね」。神谷蔵元の言葉に力がこもります。

仕込みの櫂《かい》をつく山岸杜氏

一献に込めた想い

杜氏 山岸昭治さん

16歳から酒づくりの仕事に就いて、もう65年ほどになりますか。やちや酒造で杜氏を務め、10年以上になります。

とはいえ、酒は生き物ですから、醸造では毎日、新しい発見があります。

お客さんに飲んでいただいて旨いと感じられる、酒米の持つ旨味を大切にしながら、後口にキレのある清酒を目指します。

一時よく言われた飲酒の際の習慣「和《やわ》らぎ水」を唱えたのが、神谷蔵元であることは、あまり知られていません。今ではすっかり全国に普及したようですが、神谷蔵元が発案したのは、経営者として脂ののった45歳くらいの時。焼酎《しょうちゅう》ブームの対策としてひらめいたとします。「日本酒は翌日体に残る」という風評を弱めるには、「酒を飲んだら水も飲む」のが、効果があって抵抗も少ないだろうと考えたのでした。

酒米を生産するJA金沢市三谷やちや部会の面々
=金沢市三谷地区

コロナ禍が酒造業界にも飲食街にも影を落とした昨今、「和らぎ水」はすっかり鳴りをひそめた感がありますが、「いいことは長続きします。今後も至る所で愛飲者に勧めます」と神谷蔵元はにっこり。

「世界ワイン」金賞 海外売上増へ跳躍台

ここ10年以上、杜氏は山岸昭治さん(79)が務めてきました。新酒米「百万石乃白」に太鼓判を押したのも山岸杜氏といえるでしょう。「うまい酒をつくれば必ず売上は伸びます」。神谷蔵元は今後、県内外はもとより、海外での売上も伸ばしていきたいと意欲的です。21年6月、フェミナリーズ世界ワインコンクールで梅酒と紅茶リキュールが金賞を受賞したのは、海外雄飛への跳躍台になると気を引き締めます。

やちや酒造のかつては帳場であった板の間。

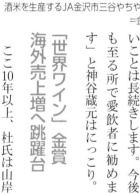

蔵元おすすめ5銘柄

加賀鶴 辛口なのに旨い酒(辛旨)

酒別：本醸造酒
アルコール度：16.5度
味のタイプ：辛口
酒米：五百万石
精米歩合：65%

加賀鶴 香り純米68号

酒別：純米酒
アルコール度：15.5度
味のタイプ：ややフルーティー
酒米：百万石乃白(石川酒68号)
精米歩合：65%

加賀鶴 純米酒「石川門」

酒別：純米酒
アルコール度：15.5度
味のタイプ：穏やか
酒米：石川門
精米歩合：65%

加賀鶴 前田利家公 大吟醸

酒別：大吟醸酒
アルコール度：15.5度
味のタイプ：フルーティー
酒米：山田錦
精米歩合：40%

加賀鶴 純米大吟醸68号

酒別：純米大吟醸酒
アルコール度：15度
味のタイプ：フルーティー
酒米：百万石乃白(石川酒68号)
精米歩合：40%

主な受賞歴 (過去3年)

《2021年クラマスター 金賞》
《2020年クラマスター 金賞》
《2021年IWC ブロンズ賞》
《2021年フェミナリーズ世界ワインコンクール 金賞》
《2020年全国新酒鑑評会 入賞》
《2020年金沢国税局新酒鑑評会 優等賞》
《2019年金沢国税局新酒鑑評会 優等賞》
《2019年ワイングラスでおいしい日本酒アワード 金賞》

わが蔵自慢

前田家伝来ひな飾り

毎年春、店内に飾り付けます。前田家16代当主利為《としなり》侯爵の菊子夫人が輿入れの際に持参したひな飾り「紫宸殿《ししんでん》雛御殿」です。神谷ますみ会長が、長女酒井美意子さんから譲り受けました。

この料理にこのお酒

金沢おでんに
加賀鶴 辛口なのに旨い酒(辛旨)

治部煮《じぶに》に
加賀鶴 前田利家公 特別純米

カニ酢に
加賀鶴 純米大吟醸68号

中川 衛さん(74歳)
金沢市入江町在住
彫金人間国宝

私の一本
加賀鶴 前田利家公 特別純米

このお酒は常温で飲むのが好きで、酒米本来の旨味を楽しんでいます。
冬の寒い日は、ぬる燗《かん》でもおいしくいただいており、作品制作の疲れを癒やすのに欠かせません。

加賀鶴ホームページ http://www.yachiya-sake.co.jp やちや酒造 検索

酒蔵ファイル
金沢酒造組合 **18**

有限会社 武内《たけうち》酒造店

［所在地］金沢市御所町イ22番地乙
［創　業］1868（明治元）年
［蔵　元］武内 与志郎《よしろう》
［杜　氏］武内 与志郎（蔵元杜氏）
TEL 076-252-5476
FAX 076-251-5068
e-mail goshoizumi@spacelan.ne.jp

見学可
要予約

代表銘柄

御所泉《ごしょいずみ》

金沢限定
幻の地酒

金沢の酒蔵

「コシヒカリ」を酒米に
歩調軽く進取の精神

データ

吟醸酒〈通年商品〉

原料米：石川門ほか
精米歩合：58%
使用酵母：非公開
仕込み水：非公開
アルコール度：16度
日本酒度：＋5　酸度：1.5
税込価格：720㎖ 1,152円
1.8ℓ 2,178円

味わいタイプ

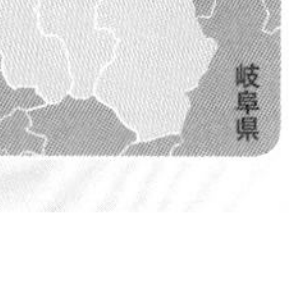

おすすめ温度

冷酒	常温	ぬる燗	熱燗
5℃	20〜25℃	40℃	50℃

●城下町金沢で150年以上続いてきた伝統蔵の「金沢限定の幻の清酒」です。熱燗で飲むのをおすすめします。

御所泉 吟醸

収穫したコシヒカリに喜ぶ武内与志郎蔵元杜氏(中央)=金沢市千木町

2021(令和3)年9月初旬、金沢市北西郊の千坂地区にある水田に立った武内酒造店蔵元の武内与志郎代表(57)は、優良食用米「コシヒカリ」の黄金色の稲穂を収穫して満足そうな表情でした。2017(平成29)年、コシヒカリをあえて酒米に導入した武内代表は、試行錯誤を経て「なんとか安定したつくりになってきた」と最近、実感しています。

　コシヒカリは食用米の代表格として知られ、もちもちした食感と噛《か》めば噛むほど甘みが増すのが特長です。しかし、うまい米が必ずしもいい酒米とは限りません。むしろ、雑味が多いなど短所が少なくないからです。

寒中、昔ながらの蔵で仕込みタンクに櫂《かい》を入れる武内蔵元杜氏=金沢市御所町

　ところが、近年、全国的にもコシヒカリを酒米として使う酒蔵が増えてきました。県内では輪島市の白藤酒造店が先駆けでしょうか。

　なぜでしょう。それはコシヒカリの方が、価格が若干安く、酒米として使うための精米がうまくできる精米機が登場してきたからです。

　武内代表の、酒造りの持論は「時代の流れに沿いお客さ

一献に込めた想い

蔵元杜氏 武内与志郎さん

私たち家族が中心となって醸した「御所泉」は、この地に根差しこの地で愛される真の地酒だと思っています。あえて品評会やコンクールには出品しません。出品酒と販売酒で製法や貯蔵法を変える現状には納得できず、お客様を欺く酒造りは行いません。おいしい酒を口にした、お客様に喜んでいただけるほど、うれしいことはありません。

仕込み水を加減する武内蔵元杜氏

んのニーズに応える」です。よって、酒米選びも常にチャレンジするのが「武内流」というわけです。

県独自の酒米「百万石乃白」が出れば、さっそく720ミリリットル瓶を新発売、県から300ミリリットルの小瓶を要請されればすぐ対応と、フットワークの軽さは若手経営者にひけを取りません。

良いと思ったら即実行が身上で、くだんのコシヒカリも地元市議が仲介、担い手の農家グループもあまりに熱心だったので、採用を決断したといいます。

長男は「獺祭《だっさい》」に就職 事業承継の夢膨らむ

もっか、仕事の励みになっているのは東京農業大学醸造学科を卒業した長男が、名酒「獺祭《だっさい》」の蔵元、旭酒造（山口県岩国市）に就職したことです。あれだけ全国に名をとどろかせた名門ですから、得るものは決して少なくないと武内蔵元杜氏は見ます。願わくは地道に実力を磨いて、いつの日か里帰りし、後を継いでほしい。夢は膨らむばかりのようです。

小高い丘のふもとにある武内酒造店

蔵元おすすめ5銘柄

御所泉 吟醸源酒

酒別：吟醸原酒
アルコール度：20度
味のタイプ：やや辛口
酒米：石川門
精米歩合：60%

純米吟醸 泉

酒別：純米吟醸酒
アルコール度：16度
味のタイプ：辛口
酒米：石川門
精米歩合：60%

純米大吟醸 古都のいずみ

酒別：純米大吟醸酒
アルコール度：17度
味のタイプ：濃厚芳香
酒米：山田錦
精米歩合：40%

純米吟醸源酒 泉

酒別：純米吟醸原酒
アルコール度：18度
味のタイプ：辛口
酒米：石川門
精米歩合：60%

純米生原酒 千

酒別：純米酒
アルコール度：16度
味のタイプ：やや辛口
酒米：コシヒカリ
精米歩合：70%

わが蔵自慢

蔵の裏庭

この辺りは卯辰山に続くなだらかな丘陵地帯の一角で、裏庭には湧水の池があります。この池には、生物多様性を示す、四季折々の生物が棲んでいます。例えば、サンショウウオ、イモリ、あるいはメダカなど。背後には灌木、喬木が多く、モリアオガエルも営巣します。酒づくりで疲れた心身を癒やしてくれます。

この料理にこのお酒

のどぐろの焼き魚に 御所泉 吟醸

能登寒ブリの刺身に 御所泉 吟醸源酒

小坂れんこんの煮物に 純米生原酒 千

山崎敬市さん（69歳）
金沢市大樋町在住
すし店「寿司富」経営

私の一本
御所泉 吟醸

半世紀以上、すし店を経営してきました。お客さんは旬《しゅん》の魚に合う様々な地酒を注文され、仕事柄、地酒の特長をつかんでいます。その中でも私が好きなのは、地元の「御所泉　吟醸」です。淡《たん》麗《れい》辛《から》口《くち》の味わいは特にブリトロにピタリの酒でしょう。晩酌はしませんが、たまに飲みに出ると注文するのは、この酒です。

酒蔵ファイル
金沢酒造組合 *19*

株式会社 福光屋

［所在地］金沢市石引2丁目8番3号
［創　業］1625（寛永2）年
［蔵　元］福光 松太郎
［杜　氏］板谷 和彦
TEL 076-223-1161　FAX 076-222-3769
e-mail オフィシャルサイトの問い合わせフォームよりお送りください
URL https://www.fukumitsuya.co.jp
見学可
要予約

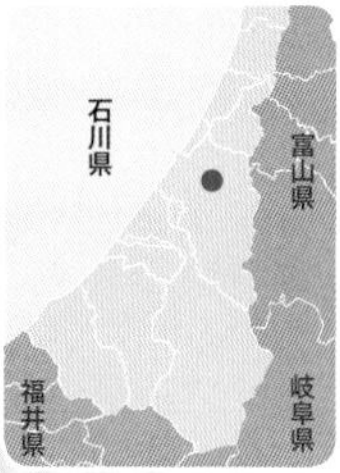

代表銘柄

加《か》賀《が》鳶《とび》

粋《いき》なキレ味、
純米揃《ぞろ》い。

金沢の酒蔵

加賀鳶 純米大吟醸 藍《あい》

創業400年の重み
百年水を最高の酒に

データ

純米大吟醸酒〈通年商品〉

原料米：山田錦
精米歩合：50%
使用酵母：自社酵母
仕込み水：百年水（水源地：白山、犀川大桑水系、地下水）
アルコール度：16度
日本酒度：＋4　酸度：1.4
税込価格：300㎖ 1,207円 720㎖ 2,412円
1.8ℓ 4,820円

味わいタイプ

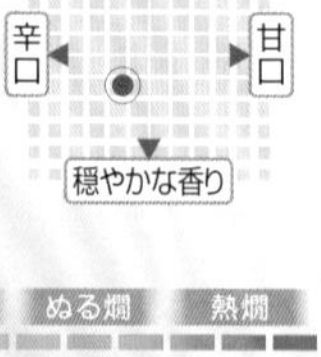

おすすめ温度

冷酒　常温　ぬる燗　熱燗

10〜20℃

●60年にわたり契約栽培する酒米の最高峰「山田錦」のみを使用。華やかな香りと軽快にふくらむ旨味は、国内外で愛されています。

酒母の面を見ながら指導する板谷和彦杜氏(左)=金沢市石引2丁目の福光屋

「微生物主義」に徹した形状の球形タンク

福光屋は4年後に創業400年を迎えます。城下町金沢に産声を上げ福光家が代々蔵元を務め松太郎氏は13代目。仕込み水は霊峰白山山系を源流とする「百年水」、酒米は兵庫県の農家などと直接契約する最高級品質、そして、社員杜氏・蔵人が手腕を最大限に発揮する「舞台」は醸造の科学を駆使した4階構造の蔵。県内30超の酒蔵をリードして新時代を開こうとしています。

「百年水」は、白山山系から100年以上の歳月をかけて届く地下水です。この水こそが要《かなめ》で、以前、金沢大学で調べたところ、1世紀前の雨水が地中深く浸透し、幾重にも重なった貝殻化石層をくぐり、カルシウムやマグネシウムなど酒づくりに最適なミネラルを溶け込ませて小立野にたどりつくことが分かりました。

　水に加えて大切なのは高品

一献に込めた想い

杜氏
板谷和彦さん

私たちの造る酒はすべて水と米から生まれる純米酒です。日々の酒造りの中で、水と米が持っている旨さ、麹《こうじ》や酵母の健全な醗酵から生まれる旨さ、金沢の風土・文化の中から生まれてくる旨さ、それぞれの旨さを最大限引き出せるように、職人魂をこめて取り組んでいます。

壽蔵前に立つ板谷杜氏（右から3人目）と蔵人

質の酒造好適米です。福光屋では、県内外の農家と契約栽培し安定確保を維持しています。現在の主要酒米は、兵庫県多可町中区の「山田錦」、長野県木島平村の「金紋錦」、兵庫県出石の「フクノハナ」、地元では白山市、南砺市の「五百万石」です。農家とともに土づくりから研究して時には酒米の特性改善を図ります。

最高素材の水と米を酒に仕上げる微生物と人間。福光屋では目に見えない微生物の生息環境を何より大事にします。その「微生物主義」に徹したシンボルが球形タンク。麹室《こうじむろ》や酛場《もとば》、発酵室の構造、温湿度管理、これらが全て微生物優先となっています。壽《ことぶき》、光の名を冠した2つの醸造蔵で、300種以上の保有酵母から厳選して酒を醸し、禄《みどり》蔵と福蔵で熟成させています。

そして、匠《たくみ》の技を発揮する少数精鋭の社員蔵人。醸造学、農学、バイオテクノロジーなどを専攻した理系社員を採用しています。

現在、15人いるメンバーのうち7人が酒造技能士1級、2人が清酒専門評価者。越前糠《ぬか》杜氏、能登杜氏、丹後杜氏から伝統技術を継承した板谷和彦社員杜氏が14社員蔵人の個性と能力を尊重しながら、代表銘柄の名にした「加賀鳶《とび》」の粋で鯔背《いなせ》な心を持ち、「板谷流醸造」を実践しています。

壽蔵前の「百年水」の汲み場

蔵元おすすめ5銘柄

加賀鳶 山廃純米 超辛口

黒帯 悠々

百々登勢 三十年

百々登勢 五年

瑞秀 秘蔵

酒別：純米酒・山廃仕込
アルコール度：16度
味のタイプ：絶妙の酸味と深みのあるコクを持つ超辛口
酒米：全量契約栽培米・酒造好適米使用（国産米100%）
精米歩合：65%

酒別：特別純米・純米大吟醸酒混和
アルコール度：15度
味のタイプ：ゆったりと落ち着きのある悠々とした味わい
酒米：全量契約栽培米使用　山田錦55%（兵庫県多可町中区産）、金紋錦45%（長野県木島平産）
精米歩合：68%

酒別：純米酒
アルコール度：18度
味のタイプ：濃厚な旨味の絶妙な調和
酒米：全量契約栽培米使用　山田錦 25%（兵庫県多可町中区産）、金紋錦 75%（長野県木島平産）
精米歩合：65%

酒別：純米酒
アルコール度：17度
味のタイプ：醇味と柔らかな芳香が豊かに調和
酒米：国産米100%
精米歩合：65%

酒別：純米大吟醸・原酒
アルコール度：16度
味のタイプ：香り高くとろけるようななめらかな飲み口
酒米：全量契約栽培米・特別栽培米山田錦100%（兵庫県多可町中区坂本産）
精米歩合：40%

主な受賞歴（過去3年）

《2021年 モンドセレクション 金賞》
《2020年 モンドセレクション 金賞》
《2019年 モンドセレクション 金賞》
《2021年 クラマスター プラチナ賞》
《2020年 クラマスター プラチナ賞》
《2019年 クラマスター 金賞》
《2021年 全国燗《かん》酒コンテスト 金賞》
《2020年 全国燗酒コンテスト 金賞》
《2019年 全国燗酒コンテスト 金賞》
《2020年 金沢国税局酒類鑑評会 優等賞》
《2019年 金沢国税局酒類鑑評会 優等賞》
《2019年 ミラノ酒チャレンジ プラチナ賞》

この料理にこのお酒

ブリの照り焼きに
加賀鳶 山廃純米 超辛口

金沢おでん（カニ面や梅貝など）に
黒帯 悠々

カモの治部煮に
百々登勢 五年

金沢市在住
金沢工業大学 教授
谷口吉郎・吉生記念 金沢建築館 館長
水野 一郎さん（80歳）

私の一本
加賀鳶 純米吟醸

金沢にきてから日本酒を飲んでいるので、もう半世紀くらいになりますか。金沢は和食がうまいから、日本酒が一番いいんです。週5日は晩酌を楽しんでいます。冬は「黒帯」の熱《あつ》燗《かん》、夏は「加賀鳶《とび》」純米吟醸の冷やかな。福光屋のお酒が私には合っています。

福光屋ホームページ　https://www.fukumitsuya.co.jp　福光屋 検索

酒蔵ファイル
金沢酒造組合 20

中村酒造 株式会社

［所在地］金沢市長土塀3丁目2-15
［事業本部］野々市市清金2丁目1
［創　業］1818～1831（文政年間）
［蔵　元］中村 太郎
［杜　氏］渡辺 愛彦《なるひこ》
TEL 076-248-2435　FAX 076-248-2436
e-mail nakamuraya@nakamura-shuzou.co.jp
URL https://nakamura-shuzou.co.jp

見学は受けていません

は野々市事業本部及び醸造蔵

代表銘柄
金澤 中《なか》村《むら》屋《や》

真の地酒を目指して

金沢の酒蔵

主銘柄を「中村屋」に創業の原点に立ち返り

データ

純米吟醸酒〈通年商品〉

原料米：石川県産五百万石
精米歩合：55／60%
使用酵母：協会18号、協会14号、他
仕込み水：白山の伏流水
アルコール度：15度
日本酒度：非公開　酸度：非公開
税込価格：300㎖ 616円 720㎖ 1,650円
1.8ℓ 3,300円

味わいタイプ

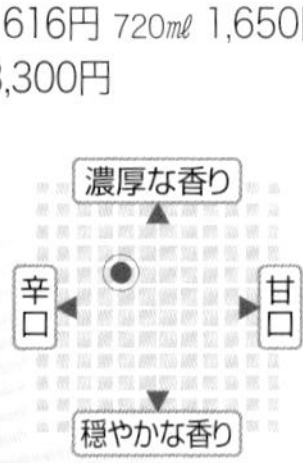

おすすめ温度

冷酒　常温　ぬる燗　熱燗

10～45℃

●やや辛口の味わいは食事との相性も良く、一口目にお酒の持つ旨さが口いっぱいに広がり、スーッと切れる後味で飲み飽きすることなくお楽しみいただけます。

金澤中村屋 純米吟醸

仕込みタンクで蔵人と語り合う渡辺愛彦杜氏（左）＝野々市市清金の中村酒造

中村酒造は近年、代表銘柄として「中村屋」ブランドを育《はぐく》んでゆくことに注力しています。「日榮」の名の酒は残しながら、刷新の意を込めたのです。

8代目の中村太郎蔵元によると、中村酒造はここ10年ほどで本社組織、製造体制・施設を大幅改善しました。これに伴い、200年続く酒蔵の原点に立ち返ることにしたのです。それは、酒づくりの根本である、地域の農業にこだわった地酒を追求することであり、そこで、初代中村屋仙助の屋号「中村屋」の名を冠した清酒「金澤中村屋」を代表酒として展開しています。

2021（令和3）年春、朗報が舞い込みました。20酒造年度から就任したばかりの渡

雪がやんだ蔵の前に立つ中村蔵元（左）と渡辺杜氏

一献に込めた想い

杜氏

渡辺愛彦さん

蔵人として、年月をかけて酒づくりを学び、20酒造年度から杜氏を務めさせていただいております。この蔵では「地」（土地や風土）にこだわった、ひとランク上の品質の地酒を常に丁寧に、一生懸命に提供させていただくことを意識しています。

辺愛彦杜氏が醸した清酒が全国新酒鑑評会で入賞になったのです。

中村蔵元は「金澤中村屋」のコンセプトとして①おいしい酒づくりを極める②石川の気候風土で育った原料のみを使用した真の地酒を醸造する③高レベルの品質・衛生管理で安全安心の製品を出荷する、の3つを掲げました。

本社接客スペースに飾られた「金澤中村屋」シリーズの瓶

渡辺杜氏はこの3つを目標に「常に丁寧に蔵人との和を大事にして取り組みたい」とまずは幸先良いスタートを喜びました。

中村酒造は代々、酒を取り巻く文化振興活動にも熱心に取り組んできました。令和3年春に地元の野々市市と石川県立大学と連携し、同年の「北国街道にぎわいプロジェクト」に呼応して、旧北国街道に面した喜多家の幻の清酒「猩々《しょうじょう》」復活の試みを始めました。

さらに8月には短編映画「さくら、」の上映を記念し、映画と同名の日本酒を発売しました。兼六園の桜から採取した天然酵母を使って醸造し、オール石川ロケで撮影された「地映画」に花を添えました。

地域に根ざす姿勢は、本業でこれまで農業法人「金沢大地」による契約栽培の有機米や羽咋市神子原《みこはら》地区の棚田《たなだ》で自然栽培する「神子原米《まい》」で醸造するなどしてきました。今後は県の新酒米「百万石乃白」の新たな活用法などに思案を巡らせるのでしょうか。

復刻した幻の酒「猩々」と中村蔵元（右）

蔵元おすすめ3銘柄

金澤 中村屋 純米吟醸

酒別：純米吟醸酒
アルコール度：15度
味のタイプ：淡麗旨口
酒米：五百万石
精米歩合：55/60%

金澤 中村屋 無濾過特別純米

酒別：無濾過特別純米酒
アルコール度：16度
味のタイプ：濃淳辛口
酒米：五百万石
精米歩合：55/60%

金澤 中村屋 爽麗純米

酒別：爽麗純米酒
アルコール度：14度
味のタイプ：淡麗辛口
酒米：五百万石
精米歩合：55/60%

主な受賞歴（過去3年）

《2021年全国新酒鑑評会 入賞》
《2020年全国新酒鑑評会 入賞》
《2019年全国新酒鑑評会 入賞》
5年連続入賞

わが蔵自慢

細野燕台《えんたい》揮毫《きごう》の扁額《へんがく》

「金沢最後の文人」と言われた細野燕台が「日榮歳盛《にちえいさいせい》」と揮毫した扁額です。八十八歳と記しているので、先々代の頃のものでしょう。「日榮歳盛」は銘柄名にしています。燕台は、金沢の蔵にはよく顔を出していたようです。

この料理にこのお酒

地魚の塩焼きに 金澤 中村屋 純米吟醸

どて焼き（金沢おでん）に 金澤 中村屋 無濾過特別純米

地物の刺身に 金澤 中村屋 爽麗純米

私の一本 金澤 中村屋 純米吟醸

金沢市泉野町在住 会社役員
田井徳太郎さん（57歳）

通年ではどんな料理にも合う中村屋の純米吟醸を楽しんでいます。また季節商品として「しぼりたて」「にごり酒」「夏にごり」「ひやおろし」なども登場するので、そのつどの季節感が楽しめます。

中村屋ホームページ https://nakamura-shuzou.co.jp 中村酒造 検索

株式会社 金谷《かなや》酒造店

［所在地］白山市安田町3-2
［創　業］1869（明治2）年
［蔵　元］金谷 芳久《よしひさ》
［杜　氏］金谷 崇史《たかし》
TEL 076-276-1177　FAX 076-276-4234
e-mail info@hakusan-takasago.jp
URL https://www.hakusan-takasago.jp/

見学可
要予約

代表銘柄
高砂《たかさご》

最高にうまい
食中酒を！
水、米に拘り
挑戦

高砂　本醸造

ひやおろしに新趣向
松任町《まち》なか老舗守り

データ

本醸造〈通年商品〉

原料米：石川県酒造好適米
精米歩合：65%
使用酵母：自社ブレンド酵母
仕込み水：白山の伏流水
アルコール度：15度
日本酒度：＋1.6　酸度：＋3
税込価格：300mℓ 462円　720mℓ 1,078円
1.8ℓ 2,178円

味わいタイプ

おすすめ温度

冷酒　常温　ぬる燗　熱燗

10〜50℃

●白山の麓に位置する酒蔵で白山の清らかな伏流水を使った酒造りをおこなうことで、味が深く香りとのバランスが良い特徴があります。

金谷酒造店内で談笑する芳久七代目蔵元（左）と崇史杜氏＝白山市安田町

7代目蔵元の金谷芳久さん(72)は2018年、次男の崇史さん(41)に醸造責任者である杜氏を託しました。その時、崇史さんは「分かった。自分なりによく考えて酒づくりをします」と答えたそうです。

アイデアに富む崇史杜氏はこの間、こだわりの酒づくりを続けてきました。

21年9月に発売となった県酒造組合連合会の「ひやおろし」もその一つです。崇史杜氏は「今回は、ふだん弊社の酒を置いていただけないスーパーや小売店に置いてもらうには、どうすれば良いかを考えました」と切り出しました。

結果、酒米は県産オリジナルの「石川門」とし、秋口に出荷するまでに何回か熟成の状態を確認し、良い味を出すため精米歩合も60パーセントまで削って、吟醸酒と呼べるところを敢えて「純米酒」として出荷しました。

加えて、見た目も大事です。秋をイメージした紅葉柄の瓶

今秋発売の「ひやおろし」の紅葉模様の専用瓶

一献に込めた想い

杜氏
金谷崇史さん

旨い食中酒を目指し、日々勉強中です。気候や米が変化するのと同じく、お客様の好みや食事のスタイルも様々になってきています。これからの日本酒は食中酒としても変化が必要だと感じます。杜氏として今まで以上に、お客様に喜んでいただけるお酒を、これからも挑戦していきます。

を使用しました。「ひやおろし」のための専用瓶とのこと。しかもラベルも店頭で目につきやすい斜めの形状にしたそうです。もちろん、1本ずつ丁寧に手貼りしたため、手間がかかりましたが、これも中身とともに「いい酒」を出荷する心意気の表れでしょう。

息子の新機軸を良しとする芳久蔵元も脂の乗った清壮年期、やはり様々な試みを展開してきました。その一つは「酒は食文化」「食文化に貢献する」を標ぼうして旧蔵を利用した「高砂茶寮」を開設、国内ばかりでなく海外の顧客も招き、松任の町なかの名物蔵を大いにアピールしてきました。

とはいえ、なかなか困難な時代もありました。金沢の兼六酒造を引き継ぎ、「兼六」や「初ふね」など銘柄ばかりが増え、売上増に結びつかない経営も経験したのです。

もっとも、現在は「頼もしい息子が事実上の蔵元杜氏」となり、清新の酒づくりを行っています。何より、自分で考え自分で営業すれば必ず道は開けると静かに見守っていく構えです。

蔵の中にある醸造機械を活用する崇史杜氏

仕込みタンクで櫂をつく崇史杜氏

蔵元おすすめ5銘柄

高砂 純米酒『石川門』

高砂 特別本醸造

高砂 純米吟醸

高砂 純米大吟醸

高砂 大吟醸

高砂 純米酒『石川門』	高砂 特別本醸造	高砂 純米吟醸	高砂 純米大吟醸	高砂 大吟醸
酒別：純米酒	酒別：本醸造酒	酒別：吟醸酒	酒別：吟醸酒	酒別：大吟醸酒
アルコール度：16度	アルコール度：16度	アルコール度：16度	アルコール度：18度	アルコール度：16度
味のタイプ：やや辛口	味のタイプ：やや辛口	味のタイプ：甘口	味のタイプ：濃淳旨口	味のタイプ：濃淳旨口
酒米：石川門	酒米：五百万石他	酒米：石川門	酒米：山田錦他	酒米：山田錦
精米歩合：60%	精米歩合：60%	精米歩合：50%	精米歩合：50%	精米歩合：40%

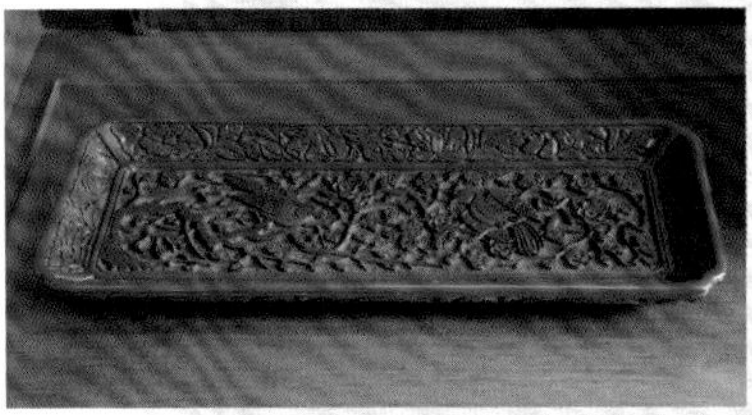

わが蔵自慢

蔵先々代蒐集《しゅうしゅう》の美術品

先々代は書画骨董を蒐集するのが好きだったと聞いています。その一部が金谷家に残っており、蔵の一角のガラスケースで展示しています。左は中国で造られた堆朱《ついしゅ》花鳥皿でしょう。右は金沢市出身の文化勲章受賞の彫金家、蓮田修吾郎氏制作の香炉です。

この料理にこのお酒

金沢おでん(大根、がんも、卵など)に
高砂 純米酒『石川門』

脂がのった寿司(のどぐろ、中トロ)に
高砂 純米大吟醸

やきそば、お好み焼きに
高砂 特別本醸造

金沢市玉鉾町在住
自営業
荒木 徹さん(71歳)

私の一本
高砂 大吟醸

金谷酒造店が醸す「高砂」は、いつもの食中酒でも、特別の一杯としても毎日の晩酌で欠かせません。その中でも大吟醸は味、香りのバランスが良く、なかなかこれ以上の清酒はないと思います。秘密にしたい1本です。

高砂ホームページ https://www.hakusan-takasago.jp/ 金谷酒造店 検索

代表銘柄

天《てん》狗《ぐ》舞《まい》

山《やま》廃《はい》仕込み特有の濃厚な香味《こうみ》と酸《さん》味《み》の調和

加賀の酒蔵

天狗舞　山廃仕込純米酒

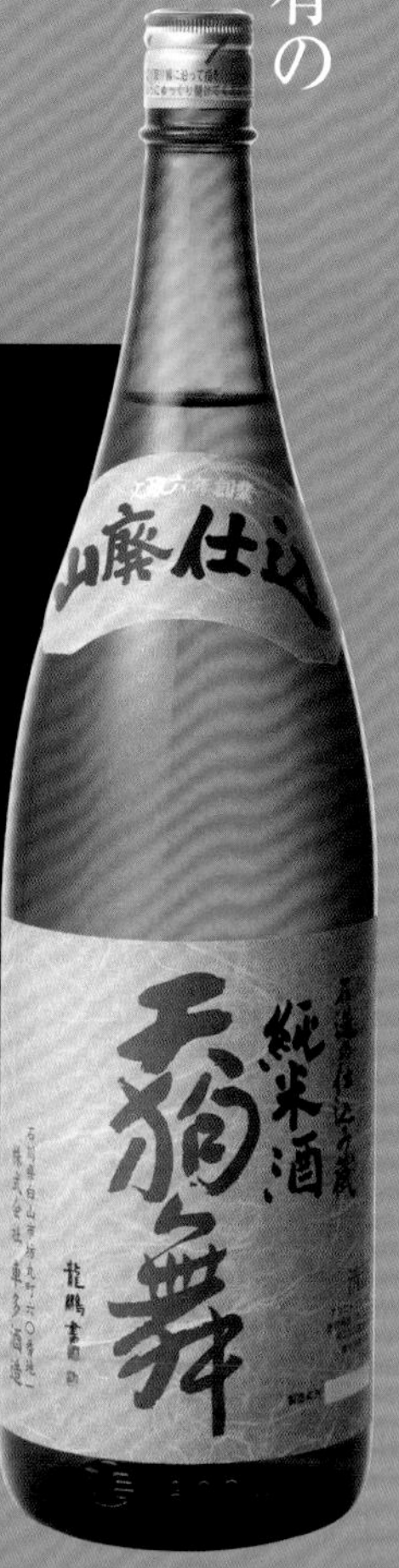

酒蔵ファイル
白山酒造組合 22

株式会社 車《しゃ》多《た》酒造

［所在地］白山市坊丸町60番地1
［創　業］1823（文政6）年
［蔵　元］車多 一成
［杜　氏］岡田 謙治
TEL 076-275-1165　FAX 076-275-1866
e-mail shata@tengumai.co.jp
URL https://www.tengumai.co.jp/

見学は受けていません

活気を生む若手社員 杜氏らと伝統継承へ

データ

純米酒〈通年商品〉

原料米：五百万石他
精米歩合：60%
使用酵母：自社培養酵母
仕込み水：白山の伏流水
アルコール度：16度
日本酒度：+3　酸度：2.0
税込価格：720㎖ 1,540円
　　　　　1.8ℓ 2,998円

味わいタイプ

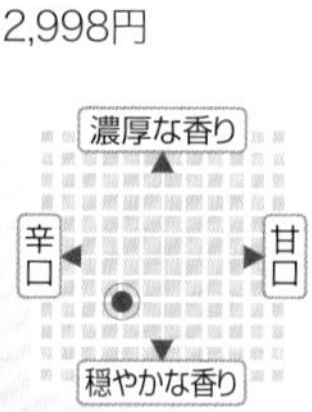

おすすめ温度

冷酒　常温　ぬる燗　熱燗

20〜45℃

●純米酒山廃造りの代名詞とも言われる天狗舞の看板商品です。山廃仕込み特有の濃厚な香味と酸味の調和がとれた、個性豊かな純米酒です。

若手蔵人をはさんで麹米《こうじまい》について語る中三郎顧問杜氏（左）と岡田謙治杜氏＝白山市坊丸町の車多酒造

車多酒造は最近、これまで以上にとても活気づいてきました。というのも、中三郎顧問杜氏（83）、岡田謙治杜氏（54）指導の下、20代の社員蔵人5人が酒造りを必死に習得しようと頑張っているからです。

ここ5年ほどで新規採用したのは21歳から24歳までの男性4人、女性1人。蔵の仕事は結構、体を使いますが、声をかけ合いキビキビと動き回り、労をいといません。

２０２１（令和3）年3月、石川県が開発した新酒米「百万石乃白」を素材に、「従来の天狗舞の特長を受け継いだ、幅広い世代が飲みやすい味わいの清酒」ができました。「天狗舞 ＣＯＭＯＮ 純米大吟醸」です。中顧問杜氏が直接指導し、若手蔵人たちは米の表面を削り込む精米から手がけ、

袋つりを先輩から教わる若手蔵人

一献に込めた想い

杜氏 岡田謙治さん

中さんに教わりながら醸していた時は、中さんに頼りっぱなしだったけど、中さんが現役引退されてからは、必死でやるしかありませんでした。酒づくりは、これで達成というものはないと思います。私は生涯勉強だと考えており、日本酒本来の、米のうまみを出すように心がけていきます。

雑味が少ない「百万石乃白」から、天狗舞の新しい味わいの純米大吟醸酒をつくり上げたのです。しかもクラウドファンディング仲介サイト「Makuake（マクアケ）」で販売するという今風の商品デビューを果たしました。

仕込みタンクの面《つら》を見ながらの技の伝授

プロジェクトリーダーの諸田大河さん(21)は「自分の仕事がお酒の味に直結することがよく分かりました。引き続き頑張ります」と目を輝かせました。これに対して中顧問杜氏は「若いだけに飲み込みは早いし、素直なのがいいね」と穏やかな表情。今後も新しい試みを若手蔵人にぶつけ、感性が活きる結果を出していきたいとしました。

若手蔵人に教えることは学ぶことでもあると謙虚な姿勢を示すのは杜氏歴25年になる岡田杜氏です。中顧問杜氏の現役引退から既に7年、巨匠を超える「岡田流」の確立を目指します。

車多酒造の代表銘柄はやはり昔も今も山廃仕込み純米酒。今後も不動でしょう。ただ、コロナ後の車多酒造に蔵元の車多一成社長(52)は展望を描きます。今後、日本酒は若者に、女性に親しまれる食中酒志向が強まると予想。2年後に迎える創業200年を飛躍のステップにしたいと、今から構想をしっかり練り上げます。

伝統装飾の鏝絵《こてえ》が施された仕込み蔵の出入口

蔵元おすすめ5銘柄

天狗舞 山廃純米大吟醸

酒別：純米大吟醸酒
アルコール度：16度
味のタイプ：芳醇でキレの良いあと味
酒米：山田錦
精米歩合：45%

天狗舞 純米大吟醸50

酒別：純米大吟醸酒
アルコール度：15度
味のタイプ：軽快な旨みときれいな酸味
酒米：山田錦他
精米歩合：50%

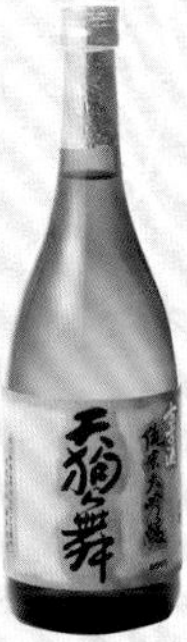

天狗舞 古古酒純米大吟醸

酒別：純米大吟醸酒
アルコール度：16度
味のタイプ：円熟味のある上品な味わい
酒米：山田錦他
精米歩合：35%

天狗舞 COMON《コモン》 純米大吟醸

酒別：純米大吟醸酒
アルコール度：15度
味のタイプ：心地よい甘みと軽快な旨み
酒米：百万石乃白
精米歩合：50%

天狗舞 COMON《コモン》 特別純米

酒別：特別純米酒
アルコール度：16度
味のタイプ：まろやか口当たりと程よい酸味
酒米：山田錦他
精米歩合：60%

主な受賞歴（過去3年）

《2021年全国新酒鑑評会 入賞》
《2020年全国新酒鑑評会 入賞》
《2019年全国新酒鑑評会 金賞》
《2021年クラマスター 金賞》
《2020年クラマスター純米酒・純米大吟醸部門 プラチナ賞》
《2020年クラマスター純米大吟醸・純米酒部門 金賞》
《2019年クラマスター プラチナ賞》
《2020年IWC ゴールド賞》
《2020年TEXSOM IWA ゴールド賞》
《2019年Los Angeles International Wine Competition ゴールド賞》

この料理にこのお酒

お刺身やノドグロの塩焼きに
天狗舞 山廃純米大吟醸

加能ガニに
天狗舞 COMON《コモン》 特別純米

能登牡蠣・加賀野菜の天ぷらに
天狗舞 COMON《コモン》 純米大吟醸

金沢市泉野町在住
居酒屋「いたる」経営
石黒 格《いたる》さん（57歳）

私の一本
天狗舞 山廃仕込純米酒

北陸の味覚、特に冬のナマコやシラコなどの海鮮珍味には、天狗舞山廃仕込純米酒が合いますね。ちょっと、ぬる燗《かん》ぐらいがちょうどいいかな。山廃は本来の米の味わいが舌にじわーと広がって、趣深いです。お客様にも勧めています。

天狗舞ホームページ **https://www.tengumai.co.jp/** 車多酒造 検索

酒蔵ファイル
白山酒造組合 **23**

株式会社 吉田酒造店

代表銘柄

手《て》取《どり》川《がわ》

瑞《みず》々《みず》しく、
爽《さわ》やか。
フレッシュな
飲み口です。

［所在地］白山市安吉町41番地
［創　業］1870（明治3）年
［蔵　元］吉田 泰之《やすゆき》
［杜　氏］吉田 泰之（蔵元杜氏）
TEL 076-276-3311　FAX 076-276-3378
e-mail info@tedorigawa.com
URL tedorigawa.com

見学は受けていません

目指すは未来に向け 持続可能な酒づくり

データ

大吟醸〈通年商品〉

原料米：麹米 山田錦、掛米 五百万石
精米歩合：45%
使用酵母：自社培養金沢酵母
仕込み水：白山の伏流水
アルコール度：16度
日本酒度：非公開　酸度：非公開
税込価格：720㎖ 1,815円
　　　　　1.8ℓ 3,630円

味わいタイプ

おすすめ温度

冷酒　常温　ぬる燗　熱燗

10℃

●リンゴのような優しい香りの中にほどよい酸味と、引き締まった骨格を感じる「手取川」のスタンダードな1本。旬の野菜や刺身、焼き鳥、チーズなどとの相性抜群です。

手取川 大吟醸 生酒 あらばしり

720㎖瓶

吉田酒造店は２０２０（令和２）年、創業１５０年を迎えました。蔵元であり杜氏を務めるのが７代目、吉田泰之社長（35）です。

近代の始まりとともに霊峰白山を仰ぐ手取川扇状地で「加賀の菊酒」を醸《かも》してきました。現在の蔵の経営方針は①先義後利②三方良し③原点回帰④不易《ふえき》流行、の四本柱とします。いずれも大阪商人の哲学で、いわば顧客第一主義です。この旗印の下、「社員の幸せを実現する会社を目指します」を経営方針の筆頭に掲げています。

17（平成29）年、泰之さんは現顧問の山本輝幸さん（75）から醸造責任者の杜氏を、20年に先代の父隆一さん（66）から蔵元を引き継ぎました。17年から４年が経ち、吉田蔵元杜氏は今、14人の社員蔵人とともに酒づくりを行っています。14人の多くは20〜30代。仕込み場には活気がみなぎり、蔵の雰囲気ががらりと変

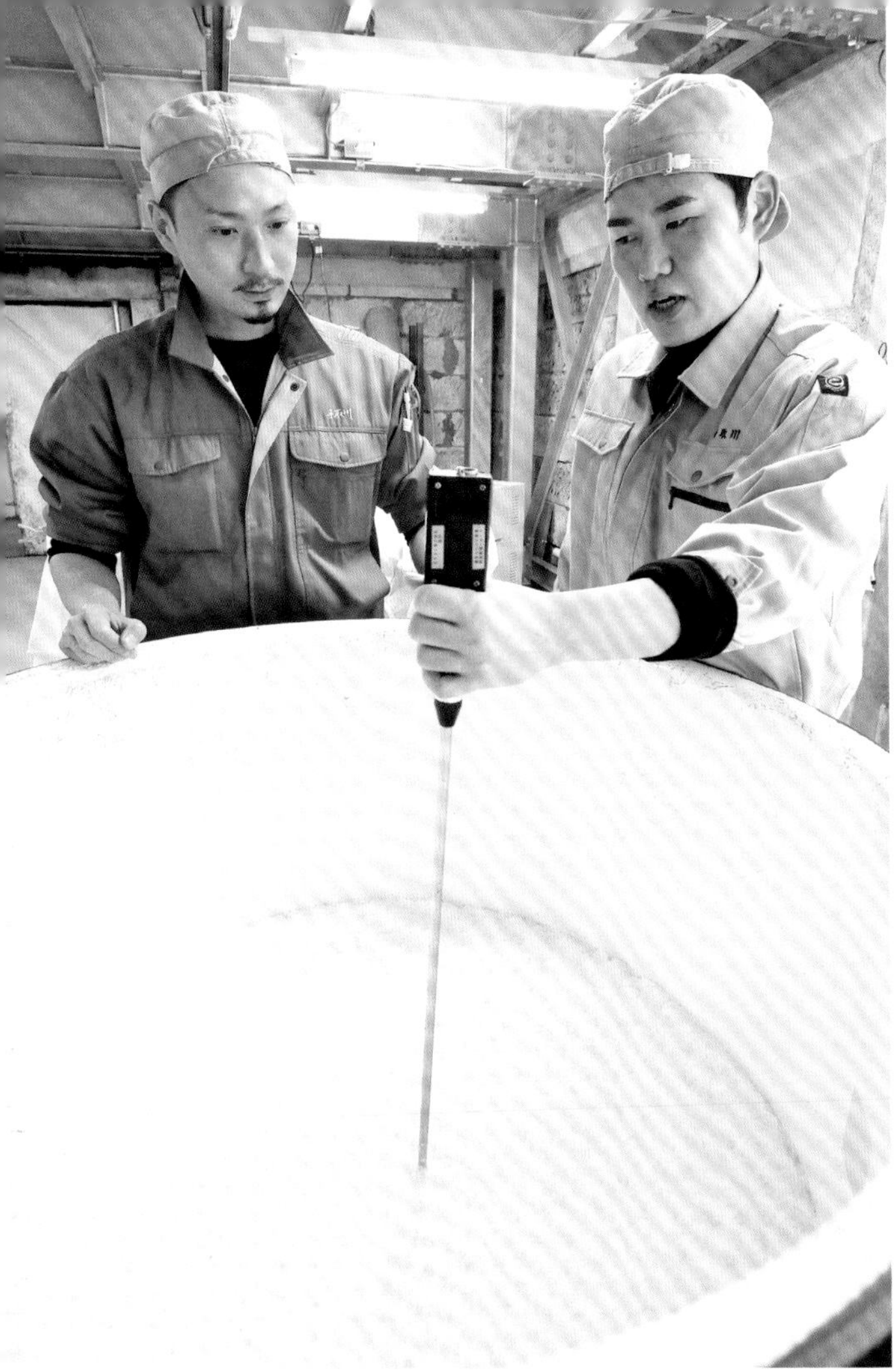

仕込んだ醪《もろみ》の温度を計る蔵人に真剣な表情で指導する吉田蔵元杜氏（左）
=白山市安吉町の吉田酒造店

蒸し米を手に麹室《こうじむろ》へ走る蔵人

一献に込めた想い

蔵元杜氏 吉田泰之さん

150年以上愛され続けてきた味わいを百年先に繋《つな》げるために私たちが目指すのは「人、食、自然に寄り添う持続可能な酒造り」です。2021年から蔵の全電力を再生可能エネルギーにシフトし、白山手取川ジオパークと白山を守るための共同プロジェクトを進めています。この美しい土地を表現する地酒であるために「美味しい」のその先を見据えていきたいと考えています。

わりました。

「社員の幸せを実現するということは、社員を大事にするということ」が持論の吉田蔵元杜氏は、仕事場での対話を大事にします。特に仕込み本番の朝礼です。前日の反省、きょうの目標。忌憚《きたん》のない意見を交わして1日が始まります。

手際よく蒸し米をさばく山本前杜氏（右）

主銘柄は「手取川」。清流の伏流水が仕込み水です。次に大事な酒米。酒米は、扇状地近傍の山島地区の約30軒の農家で組織する「山島の郷酒米振興会」を設立、栽培契約を結び、「五百万石」「石川門」「百万石乃白」をまかなっています。

そして、田植えから稲刈りまで、社員蔵人が農家とともに汗を流したことも。蔵として農家に要望しながら、蔵人が素材にこだわる姿勢を養うのです。また、農家にも蔵へ足を運んでもらい、双方向の米づくり、酒づくりの相乗効果を高めています。

先代の隆一さんにより、酒質向上のための設備投資は十分に整いました。「令和の新舞台」の主役は、心技体の充実した若者たちです。

緊張感がみなぎる朝礼

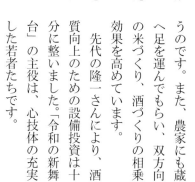

蔵元おすすめ5銘柄

手取川 純米吟醸 生原酒 石川門
春限定商品

酒別：純米吟醸生原酒
アルコール度：15度
味のタイプ：スッキリ、フルーティ
酒米：石川門
精米歩合：麹米 50%、掛米 60%

手取川 純米大吟醸 生原酒 百万石乃白
春限定商品

酒別：純米大吟醸生原酒
アルコール度：15度
味のタイプ：スッキリ、フルーティ
酒米：百万石乃白
精米歩合：50%

手取川 山廃 純米吟醸

酒別：山廃純米吟醸酒
アルコール度：16度
味のタイプ：穏やか、スッキリ
酒米：麹米 山田錦、掛米 五百万石
精米歩合：麹米 50%、掛米 60%

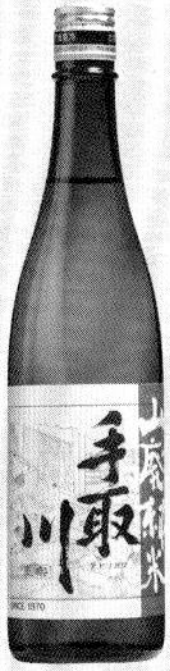

手取川 山廃仕込 純米酒

酒別：山廃純米酒
アルコール度：15度
味のタイプ：辛口、穏やか
酒米：麹米 山田錦、掛米 五百万石
精米歩合：60%

手取川 酒魂 純米吟醸

酒別：純米吟醸酒
アルコール度：15度
味のタイプ：スッキリ、辛口
酒米：麹米 山田錦、掛米 五百万石
精米歩合：麹米 50%、掛米 60%

主な受賞歴（過去3年）

《2020年全米日本酒歓評会 特別賞・金賞》
《2020年クラマスター純米酒・純米大吟醸酒部門 金賞》

この料理にこのお酒

白身魚の寿司に
手取川 大吟醸 生酒 あらばしり

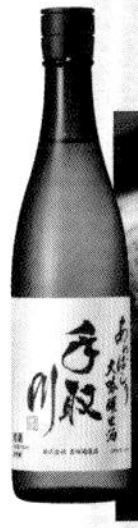

カブを焼いて塩胡椒に
手取川 山廃 純米吟醸

タケノコ、山菜、アサリに
手取川 純米大吟醸 生原酒 百万石乃白

私の一本
手取川 山廃仕込 純米酒

能美市辰口町在住
まつさき女将
松崎富志永さん（63歳）

能登杜氏が得意とする山廃仕込みですが、「手取川」のものは程よい旨味と酸味のバランスが良く、地の食材を使った私たちのお料理にもとても合わせやすいです。冷やでもお燗《かん》にしても美味しいので使いやすい1本です。

手取川ホームページ https://www.tedorigawa.com 吉田酒造店 検索

酒蔵ファイル
白山酒造組合 *24*

菊姫 合資会社

［所在地］白山市鶴来新町夕8番地
［創　業］1573（天正元）年
［蔵　元］柳《やなぎ》 達司《たつし》
［杜　氏］桑田 正彦
TEL 076-272-1234　FAX 076-273-1222
e-mail webmaster@kikuhime.co.jp
URL https://www.kikuhime.co.jp/

見学は受けていません

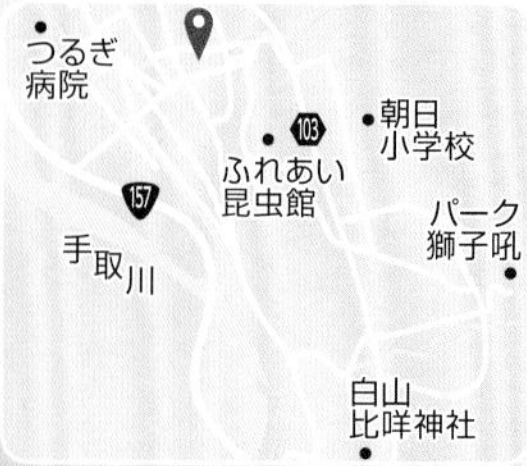

代表銘柄

菊《きく》姫《ひめ》

白《しら》山《やま》比《ひ》咩《め》神《じん》社《じゃ》
御祭神の名を
戴く菊姫の
最高峰

加賀の酒蔵

菊《く》理《り》媛《ひめ》

「北陸横綱」誇り胸に大改革して今がある

データ

吟醸酒〈通年商品〉

原料米：山田錦【兵庫県三木市吉川町・特A地区産】
精米歩合：50%
使用酵母：自社酵母
仕込み水：霊峰白山の伏流水
アルコール度：17度
日本酒度：+7.5　酸度：1.0
税込価格：720㎖ 26,290円
　　　　　1.8ℓ 52,580円

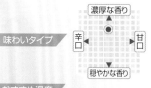

味わいタイプ

おすすめ温度

冷酒　常温　ぬる燗　熱燗

10〜15℃

●毎年7月18日に催行される白山奥宮大祭の奉献酒。極上の吟醸酒だけを厳選し、十余年ゆっくりと寝かせ、歳月をかけて磨き上げた酒。

2023(令和5)年に創業450年を迎える、石川県酒造組合連合会加盟33蔵のうち最古級の酒蔵です。今日、「加賀に名酒菊姫あり」の定評を不動にしたのは柳《やなぎ》達司蔵元(72)。鶴来の街並みにひときわ映える白亜の酒造ビルと隣り合う木造町家で、独自の理論を生き生きと語ります。

「伝統とは勝利の体験の積み重ねだよ」。どんなにいい酒をつくっても売らなければ意味がありません。厳しい競争に勝たねば生き残れないとして、「売れるいい酒をひたすらつくってきた」と述懐します。

化学分析室で若手女子社員を指導する喜本卓哉製造部長
=白山市鶴来新町の菊姫

1922(大正11)年に金沢で全国の酒蔵大会が開かれた折、つくられた「北陸三県酒蔵番付」を大事に保管しており、その時、菊姫は東の横綱であった記述を示します。戦前、石川の酒蔵は「なかなかいい位置」にいたものの、戦後、配給制度から脱却できず保守に固まったため、京都など県外の酒どころ先進地の後《こう》塵《じん》を拝したそうです。

「東の横綱」の誇りを胸に柳蔵元が奮起したのは「加賀の

菊姫本店の居間で理論を語る柳蔵元

一献に込めた想い

製造部長
喜本卓哉さん

酒造業界では昔から、酒づくりは杜氏に任せるとの慣習がありました。しかし、菊姫ではこれを打破し、素材を厳選した上で、マイスターも蔵人も少数精鋭で最大限、力を発揮して酒づくりができる体制を築きました。一人ひとりを大事にして、個性を尊重する酒づくりを行っています。最高の醸造環境で、酒質を高めていきます。

菊酒」の再興です。自蔵が牽《けん》引役《いんやく》となることを志し、醸造学を徹底的に学習しました。霊峰白山に発する水はいうことありません。問題は酒米。「大吟醸」向きが地元には見当たらず、県外にその候補となる酒米を探しました。

　行脚《あんぎゃ》を重ねた末、見出したのが「山田錦」。しかも産地の兵庫県三木市吉川《よかわ》地区の農家と特別契約を結びました。「村米」で特3Aランクです。

「これ以上はない」米と水。最適の素材を最高レベルに醸す蔵人とマイスター。このマイスターは杜氏と蔵人を統括して製造の総責任を負います。

　そして、選りすぐった素材を化学分析し、菌類の生息環境を整える温湿度管理、衛生管理を徹底した鉄筋コンクリート7階建て酒造ビル。さらに精米を究めるとともに、できた清酒を低温貯蔵する八幡精米所・貯酒場。

安全安心の環境で櫂《かい》をつく蔵人

高齢者の域に入ってもなお「生涯現役」を貫こうとする柳蔵元はコロナ禍の今を「ジタバタしてもしょうがない。次なるチャンスを待つ」。苦境を乗り切る勝利の布石をじっくり考えているようです。

2階建て町家づくりの菊姫本店（右）と7階建て「酒造ビル」=白山市鶴来新町

蔵元おすすめ5銘柄

菊姫 大吟醸

菊姫 鶴乃里

菊姫 山廃純米

菊姫 先一杯《まずいっぱい》

菊姫

菊姫 大吟醸	菊姫 鶴乃里	菊姫 山廃純米	菊姫 先一杯	菊姫
酒別：大吟醸酒	酒別：純米酒	酒別：純米酒	酒別：純米酒	酒別：普通酒
アルコール度：17度	アルコール度：16度	アルコール度：16度	アルコール度：14度	アルコール度：15度
味のタイプ：濃醇旨口	味のタイプ：濃醇旨口	味のタイプ：濃醇旨口	味のタイプ：濃醇旨口	味のタイプ：濃醇旨口
酒米：山田錦	酒米：山田錦	酒米：山田錦	酒米：山田錦	酒米：山田錦
精米歩合：50%	精米歩合：65%	精米歩合：70%	精米歩合：65%	精米歩合：70%

主な受賞歴（過去3年）

《2021年金沢国税局酒類鑑評会 優等賞》
《2020年金沢国税局酒類鑑評会 優等賞》
《2019年金沢国税局酒類鑑評会 優等賞》

わが蔵自慢

戦前、菊姫は宮内省（現・宮内庁）に御酒をおさめていた時代がありました。その指定を受けたのは1941（昭和16）年12月12日です。指定停止は定かではありませんが、終戦の45（同20）年代とみています。

この料理にこのお酒

かぶら寿しに
菊姫 大吟醸

アユの塩焼きに
菊姫 鶴乃里

おでんの
車《くるま》麩《ふ》
に菊姫

金沢市泉本町在住
会社員
小《こ》畠《はた》太郎さん（38歳）

私の一本
山廃純米無濾過生原酒

22歳頃から日本酒に親しんでいます。色々試したけど菊姫が一番好きです。米の旨《うま》味《み》と飲んだ後のキレがすごくいいんです。それに結構飲んでも頭が痛くなりません。私としては冷酒で2、3合が快飲の適量ですね。

菊姫ホームページ **https://www.kikuhime.co.jp/** 菊姫 検索

酒蔵ファイル
白山酒造組合 **25**

株式会社 小《こ》堀《ぼり》酒造店

[所在地] 白山市鶴来本町1丁目ワ47番地
[創　業] 1716～1736年（江戸享保年間）
[蔵　元] 小堀 靖幸《やすゆき》
TEL 076-273-1171　FAX 076-273-3725
e-mail info@manzairaku.co.jp
URL http://www.manzairaku.co.jp/

見学は受けていません

代表銘柄

萬《まん》歳《ざい》楽《らく》

最高の品質を求めて造る白山。華やかな風味

加賀の酒蔵

萬歳楽 白山 純米大吟醸

新蔵元が経営再建 新ラベルを旗印に

データ

純米大吟醸酒〈通年商品〉

原料米：山田錦
精米歩合：50%
使用酵母：自社酵母
仕込み水：白山手取川水系の伏流水
アルコール度：15度
日本酒度：+4.0　酸度：1.4
税込価格：300㎖ 1,100円　720㎖ 3,300円　1.8ℓ 6,600円

味わいタイプ

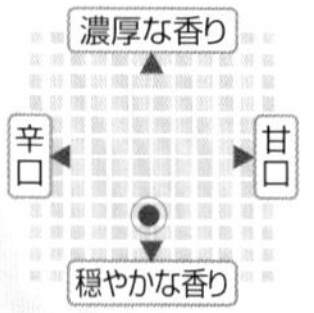

おすすめ温度

冷酒　常温　ぬる燗　熱燗

10～15℃

●梨、桜のような穏やかな吟醸香と、白米を思わせるほのかな香りが広がる。きめ細かでクリーンな飲み口で上品で繊細なうまみが特徴。魚介・野菜料理の繊細な味わいを引き出してくれます。

白山の四季を酒瓶ラベルに描いた学生と卒業生＝金沢学院大

「萬歳楽」を醸造する小堀酒造店「鶴来蔵」で語る小堀靖幸蔵元＝白山市鶴来本町

小堀酒造店は2021（令和3）年4月1日、創業家の小堀家から幸穂元社長の次男靖幸氏（40）を蔵元として迎えました。靖幸蔵元は白山市出身で、東京農大で農業経営を学び、東京の大手コンビニエンスストアチェーン本社で店舗管理など担当した後、北海道でトマト農園を経営、その営業、販売、経営手腕を期待されて着任したのです。

低迷する清酒業界を生き抜き経営基盤の強化が急務であり、決して順風に帆を膨らませての船出ではありませんでした。とはいえ、まずは現状をしっかり掌握し、売上を伸ばすにはどうすれば良いか、寝床に就いても眠れない日々も一再ではありませんでした。

一献に込めた想い

蔵元
小堀靖幸さん

手に職を持ち技術の革新や作業の合理化を模索した経験を活かし、伝統や歴史を重んじつつ萬歳楽の酒を進化させていきます。酒処と言われる白山市の気候風土を活かし飲む人の心が豊かになるような一献を追求し、派手さよりも地に足の着いた、しっかりとした酒づくりを目指していきます。

そんな日々、明るいニュースが飛び込みました。金沢国税局の20酒蔵年度酒類鑑評会で、石川県内では小松市の加越とともに、出品した「萬歳楽　白山」が「吟醸の部」「金沢酵母吟醸の部」をともに制する「ダブル受賞」の栄誉に輝いたのです。「これから進む先がなかなか見えない折、本当に一条の光がさしたように感じました」（小堀蔵元）。

「森の吟醸蔵　白山」で酒づくりに励む蔵人

さらに盛夏7月、金沢学院大学芸術学部の学生と卒業生が、霊峰白山の四季をモチーフにした、酒瓶に貼るラベルをつくり上げました。9月発売の新商品「白山之四季」のためのオリジナルラベルです。

実はこの新商品は靖幸蔵元が初仕事とした新機軸でした。春夏秋冬、各季に異なる味わいの酒を販売するのに合わせ、同大学にラベルのデザインを依頼したのです。芸術学部の平木孝志教授が指導し、同学部3年の本多優希さん(20)、卒業生の伴愛恵さん(22)、平松雅章さん(25)が手掛け、白山の四季の移ろいを描きました。

コロナ禍で酒業界全体が厳しい時期を迎え、小堀酒造店も例外なく生産体制の見直しを軸に、新たな取り組みを余儀なくされました。靖幸蔵元は「今後は社員みんなの力を結集して、お客様に感動を与える白山菊酒を究めていきたい」と決意を語ります。

森の中にたたずむ「森の吟醸蔵　白山」＝白山市河内町

蔵元おすすめ5銘柄

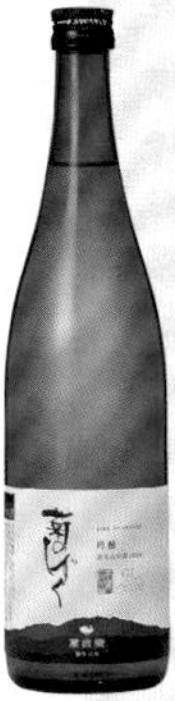

菊のしずく

酒別：吟醸酒
アルコール度：16度
味のタイプ：スッキリ
酒米：山田錦
精米歩合：55%

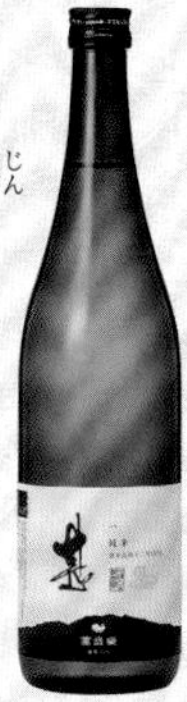

甚《じん》

酒別：純米酒
アルコール度：16度
味のタイプ：穏やか
酒米：北陸12号
精米歩合：68%

剱《つるぎ》

酒別：山廃純米酒
アルコール度：16度
味のタイプ：辛口
酒米：五百万石
精米歩合：68%

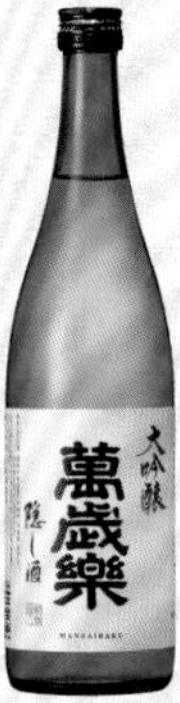

大吟醸 萬歳楽 隠し酒

酒別：大吟醸酒
アルコール度：17度
味のタイプ：フルーティ
酒米：山田錦
精米歩合：40%

本醸造 花伝《かでん》 萬歳楽

酒別：本醸造酒
アルコール度：15度
味のタイプ：穏やか
酒米：五百万石、加工用米
精米歩合：70%

主な受賞歴（過去3年）

《2021年 金沢国税局酒類鑑評会 優等賞》
《2021年 クラマスター純米酒・純米大吟醸部門 金賞》
《2020年 金沢国税局酒類鑑評会 優等賞》

わが蔵自慢

「萬歳楽」本店建物

「鶴来街道」沿いに残る「『萬歳楽』本店」の建物は築約240年の風格を漂わせます。蔵元は今後も残していく意向を示します。

この料理にこのお酒

ガスエビのお造りに 菊のしずく

鴨の治部煮《じぶに》に 剱

天ぷらに 花伝

白山市鶴来在住
鶴来商工会職員
山内秀明さん（40歳）

剱 私の一本

冷やでは辛口でスッキリした味わい、お燗《かん》にするとまろやかな味わいが、口いっぱいにジワっと広がり食が進みます。私としては、この酒に合う料理は天ぷらです。

萬歳楽ホームページ **http://www.manzairaku.co.jp/** 小堀酒造 検索

酒蔵ファイル
小松酒造組合 **26**

株式会社 宮本酒造店

［所在地］能美市宮竹町イ74
［創　業］1876（明治9）年
［蔵　元］後藤 由梨《ゆり》
［杜　氏］後藤 仁《ひとし》
TEL 0761-51-3333
FAX 0761-51-5355
e-mail shop@mujou.co.jp
URL www.mujou.co.jp

見学可 要予約

代表銘柄

夢《む》醸《じょう》

可《か》憐《れん》な芳香とふくよかな旨味

加賀の酒蔵

夢醸 純米大吟醸

夫婦で二人三脚醸造 蔵元は妻、杜氏は夫

データ

純米大吟醸酒〈通年商品〉

原料米：五百万石
精米歩合：50％
使用酵母：K1801
仕込み水：白山水系の伏流水
アルコール度：15度
日本酒度：＋2.5　酸度：1.2
税込価格：300㎖ 1,100円 720㎖ 2,750円 1.8ℓ 5,500円

味わいタイプ

おすすめ温度

●深く広がる辛口の旨みの中に、洗練されたフルーティーな香りとの絶妙なシンフォニーを奏でる酒造好適米「五百万石」の逸品。

酒の搾り機で声を掛け合い作業する由梨蔵元(左)と仁杜氏=能美市宮竹町の宮本酒造店

創業145年になる酒蔵の蔵元は後藤由梨さん(44)、杜氏は夫の後藤仁さん(48)と夫婦だけで醸造に当たっています。毎年、10月から翌年3月は清酒づくり、4月から6月は焼酎づくりと二人三脚で酒づくりを行っています。

由梨蔵元は宮本家に生まれ現在6代目。2019(令和元)年に5代目の兄から継承しました。

宮本酒造店の主銘柄はもともと「福の宮」でしたが、1998(平成10)年、「酒を醸《かも》して夢を醸す、本物にこだわる小さな酒蔵の挑戦」をキャッチフレーズに、「夢醸《むじょう》」を打ち出し、現在も「夢醸」が主銘柄です。

夢醸のコンセプトは「強い意志がありながら、主張しすぎない。個性的でありながら、目立とうとはしない」。そんな日本人の奥ゆかしさにも似た『名脇役の酒』を目指し、日夜酒づくりと向き合っています。

仕込み水は、霊峰白山に発する手取川の扇状地中程に位置する能美市宮竹町の伏流水

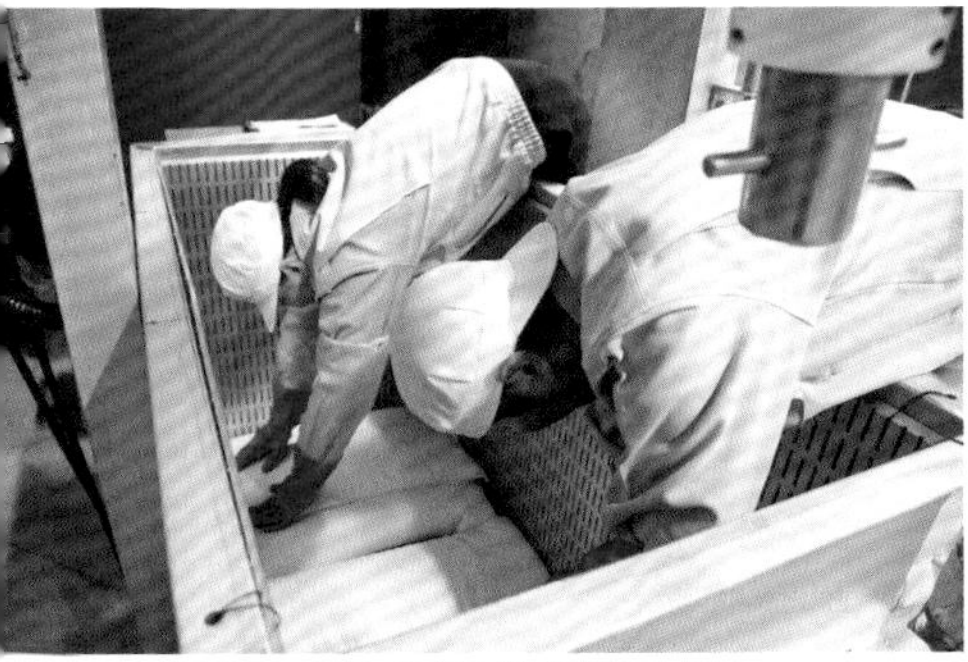

体を動かすことの多い搾り作業

一献に込めた想い

杜氏

後藤仁さん

夫婦二人、心を込めて、手造りにこだわって旨酒を醸しています。毎年1本1本一瞬一瞬が真剣勝負。年を重ねて勉強させて頂いております。二人で仕込みますので、どうしても生産量が限られており皆々様のお手元になかなか届かないことが残念ですが、ご了承ください。

　これからも精進してまいります。

です。酒米は石川県産の「五百万石」と「百万石乃白」、それに兵庫県産の「山田錦」。「百万石乃白」には早々に取り組みました。

　こうした地元の素材を基に由梨蔵元と仁杜氏はすべて手作業で丁寧に仕込み、先祖代々守り続けた麹《こうじ》や醪《もろみ》の働きを最大限引き出す「渾身の一滴」を心がけています。

　明治、大正、昭和と一貫して日本酒づくりに当たってきましたが、創業１３０年の翌年の07(平成19)年、石川県では初めてとなる「芋焼酎免許」を取得し、能美市特産の「加賀丸いも」を原料とする本格焼酎「のみよし」も発売しました。

　発売当時、珍しさもあり、焼酎ブームの追い風も受けて「のみよし」の人気は急上昇したそうです。現在は日本酒人気も高まっており、宮本酒造店としては清酒を核としながら、焼酎づくりにも力を入れつつ、小さいながらも存在感のある蔵を目指したいとしています。

大吟醸酒づくりで行う袋吊り作業

豪壮な構えの宮本酒造店=能美市宮竹町

蔵元おすすめ5銘柄

大吟醸 初代長三郎 雫《しずく》

酒別：大吟醸酒
アルコール度：17度
味のタイプ：穏やか
酒米：山田錦
精米歩合：40%

夢醸 純米大吟醸

酒別：純米大吟醸酒
アルコール度：15度
味のタイプ：フルーティ
酒米：五百万石
精米歩合：50%

夢醸 純米吟醸

酒別：純米吟醸酒
アルコール度：15度
味のタイプ：やや辛口
酒米：五百万石
精米歩合：55%

夢醸 純米酒

酒別：純米酒
アルコール度：15度
味のタイプ：やや辛口
酒米：五百万石
精米歩合：60%

夢醸 特別純米酒 百万石乃白（淡麗辛口）

酒別：純米酒
アルコール度：15度
味のタイプ：すっきり
酒米：百万石乃白
精米歩合：60%

主な受賞歴（過去3年）

《2020年金沢国税局酒類鑑評会 優等賞》
《2019年石川県優良観光土産品コンクール（公社）石川県観光連盟理事長賞》
《2019年IWC COMMENDED賞》

わが蔵自慢

書画骨董の和風ギャラリー

創業120年を機に3代目蔵元宮本長則氏が集めた美術品を展示しています。茶道具を中心に、親交のあった金沢の高光一也画伯の油絵など収集品の幅は広く、季節に合わせ模様替えしている。

この料理にこのお酒

魚介の天ぷらに
大吟醸 初代長三郎 雫

白子の塩焼きに
夢醸 純米大吟醸

おでんに
夢醸 純米酒

能美市在住
九谷焼作家
福島礼子さん（50歳）

私の一本
夢醸 純米吟醸 SILVER

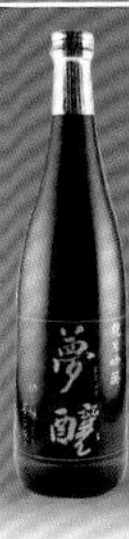

ふくよかな香り、そして口に含んだ瞬間の上品な芳香と凛《りん》としたキレのある味わい。呑むと「んー、幸せ♥」と思わず一言口にしてしまう…そんなお酒です。

夢醸ホームページ　http://www.mujou.co.jp　宮本酒造店　検索

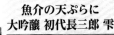

酒蔵ファイル
小松酒造組合 27

東《ひがし》酒造 株式会社

[所在地] 小松市野田町丁35
[創　業] 1860（万延元）年
[蔵　元] 東 祐輔
[杜　氏] 二見《ふたみ》 秀正《ひでまさ》
TEL 0120-47-2302　FAX 0761-22-2300
e-mail info@sake-sinsen.co.jp
URL www.sake-sinsen.co.jp

見学可
要予約

代表銘柄

神《しん》泉《せん》

食事に合う
辛《から》口《くち》大《だい》吟《ぎん》醸《じょう》

加賀の酒蔵

米、酵母とも地元産で国文化財の石蔵で醸す

データ

大吟醸〈通年商品〉

原料米：山田錦
精米歩合：40%
使用酵母：金沢酵母
仕込み水：白山の伏流水
アルコール度：17度
日本酒度：+1.0　酸度：非公開
税込価格：300㎖ 1,430円　720㎖ 3,300円
1.8ℓ 7,700円

味わいタイプ

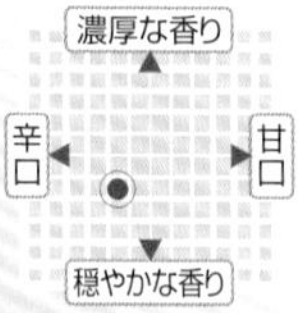

おすすめ温度

冷酒　常温　ぬる燗　熱燗

8〜15℃

●当店自慢の大吟醸です。フルーティーな口当たりで味わいと香りのバランスが良好です。政府専用機にも採用された大吟醸酒です。

神泉 大吟醸

醪《もろみ》のでき具合を見ながら蔵人を指導する二見杜氏(右)=小松市野田町の東酒造

酒米を点検する二見杜氏

2020(令和2)年、東酒造は創業160年を迎えました。蔵元の東祐輔社長(50)は7代目です。醸造量は年間300石と小規模な酒蔵ですが高級酒を得意とし、10年前に比べ製造量は2倍に増えました。18年から杜氏、蔵人の社員化を進め、21年9月現在の社員平均年齢は35歳となっています。

19年、杜氏に二見秀正氏(45)が就任しました。16年に入社し、蔵人を経て杜氏となりましたが、東蔵元は「すっきりした辛口系の酒を造る」と評価しており、就任の翌年、フランスで行われた「フェミナリーズ世界ワインコンクール2021」で小松産酒米「五百万石」を使った「神泉 純米吟醸 旨口」が最高賞の金賞に輝きました。北陸でも初めての栄誉でした。

一献に込めた想い

杜氏 二見秀正さん

2016（平成28）年入社し、19年に杜氏になりました。それまで県内の別の蔵で蔵人を15年ほど務め入社したのですが、東酒造には勢いを感じて門をたたきました。この蔵の醸造では、いわゆる「香り酵母」を使っておらず、私もそれを継承しています。「金沢酵母」の良さを今研究しています。杜氏に就任早々、フランスの有名な賞をいただき、これを励みにまた精進します。

酒蔵は、昭和10年代に建造された石蔵が3つあり、09年には国登録有形文化財に指定され、16年には「小松市の石文化『珠玉と歩む物語』小松～時の流れの中で磨き上げた石の文化～」として文化庁の日本遺産に認定されました。また、海外での販売を目的に株式会社に変更し、社名を現在の「東酒造株式会社」に変更しました。

酒づくりでは一貫して石川県産、ひいては小松産にこだわってきました。2010年には、小松産のコシヒカリ「蛍《ほたる》米《まい》」を原料米に醸した「純米自然酒 蛍舞」は人気商品となり、15年には地元の農家と連携して、本場兵庫県産にも劣らない上質の「山田錦」を用いた「純米吟醸ブルーラベル」はフランス・パリで開催する日本酒品評会「クラマスター」の純米酒部門で最高のプラチナ賞を受賞しました。

小松産の観音《かなが》下石《そいし》を石材につくられた蔵の傍らに立つ東蔵元

もう一つのこだわりは、「金沢酵母」を使っていることです。金沢酵母との出合いは、先代蔵元が、究極の食中酒を目指してつくった「神泉大吟醸」でした。寿司の「小松弥助」が開業した時、大吟醸酒を販売したのが始まりですが、主要銘柄「神泉」の代表酒として現在にいたっています。

こうした製法のこだわりが、近年、国内外の主要酒コンテストでの有力賞受賞につながっているようです。

どっしりとしたたたずまいの正門

蔵元おすすめ5銘柄

純米自然酒 蛍舞《ほたるまい》

酒別：純米酒
アルコール度：15度
味のタイプ：すっきり
酒米：蛍米（コシヒカリ）
精米歩合：68%

神泉 純米吟醸 ブルーラベル

酒別：純米吟醸酒
アルコール度：15度
味のタイプ：淡麗辛口
酒米：山田錦
精米歩合：60%

神泉 純米吟醸 旨口

酒別：純米吟醸酒
アルコール度：14.5度
味のタイプ：芳醇甘口
酒米：五百万石
精米歩合：60%

神泉 純米大吟醸

酒別：純米大吟醸酒
アルコール度：17度
味のタイプ：芳醇辛口
酒米：純米大吟醸
精米歩合：50%

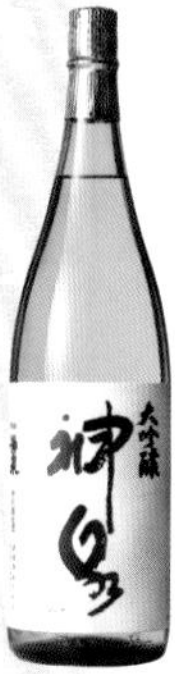

神泉 大吟醸

酒別：大吟醸酒
アルコール度：17度
味のタイプ：フルーティー
酒米：山田錦
精米歩合：40%

主な受賞歴（過去3年）

《2021年フェミナリーズ世界ワインコンクール 金賞》
《2021年クラマスター 金賞》
《2020年クラマスター プラチナ賞》
《2019年ワイングラスでおいしい日本酒アワード 金賞》

わが蔵自慢

2009（平成21）年、東酒造の酒蔵及び住居の12棟が国の登録有形文化財に指定されました。特に4棟連なる地元産観《かな》音《が》下《そ》石《いし》製の石蔵は大変希少なものとの高い評価を受けました。子々孫々に残していきます。

この料理にこのお酒

寿司、魚料理に
神泉 大吟醸

おでんに
神泉 吉祥

カルパッチョに
神泉 純米吟醸ブルーラベル

小松市八幡在住
九谷焼職人
新藤外志明さん（71歳）

私の一本
神泉 純米吟醸 旨口

私が仕えていた九谷焼人間国宝三代德田八十吉さんが「神泉」を愛飲していたご縁で、今でも日本酒と言えば神泉です。それも純米吟醸旨口が好みですね。旬《しゅん》の魚に食中酒としてじっくり味わうのが最高です。

神泉ホームページ **www.sake-sinsen.co.jp** 東酒造 検索

酒蔵ファイル
小松酒造組合 28

株式会社 加《か》越《えつ》

［所在地］小松市今江町9丁目605番地
［創　業］1865（慶応元）年
［蔵　元］山田 英貴《ひでき》
［杜　氏］奥田 和昌《かずまさ》
TEL 0761-22-5321
FAX 0761-23-1444
e-mail info1@kanpaku.co.jp
URL http://www.kanpaku.co.jp

見学可
要予約

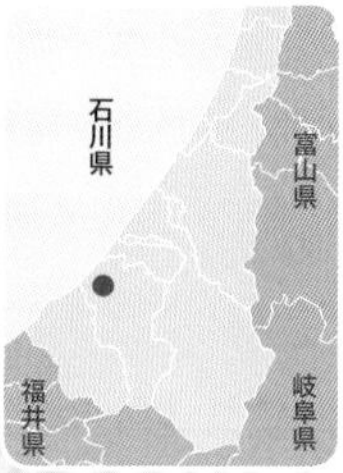

代表銘柄
加《か》賀《が》ノ月《つき》

ふっくら
ふんわり
優しいお酒

加賀の酒蔵

加賀ノ月 満月

新杜氏、初年の快挙
栄えある3品評会で

データ

純米吟醸酒〈通年商品〉

原料米：石川県産五百万石
精米歩合：麹米50%　掛米58%
使用酵母：金沢酵母ほか
仕込み水：白山の伏流水
アルコール度：15.5度
日本酒度：+4.0　酸度：1.4
税込価格：300㎖ 550円　720㎖ 1,485円
1.8ℓ 2,970円

味わいタイプ

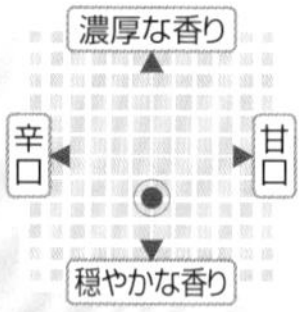

おすすめ温度

●2012年・2013年のノーベルナイトキャップに採用されました。

奥田杜氏(左)と酒づくりに余念がない山田蔵元=小松市今江町9丁目の加越

酒米を水洗いする蔵人

2021(令和3)年は、蔵元の山田英貴社長(63)にとって「有り難く、うれしい年」になりました。前年、杜氏に任命した奥田和昌さん(48)が醸した主要銘柄「加賀ノ月」が、県内外の酒造業界で栄える3つの品評会で最高もしくはそれに近い賞に輝いたからです。

例年春一番の品評会として注目される金沢国税局の2020酒造年度(20年7月～21年6月)酒類鑑評会で「吟醸の部」「金沢酵母吟醸の部」ともに優等賞という「ダブル受賞」、続く国内の酒蔵を対象とする酒類総合研究所(広島県)の全国新酒鑑評会で県内から唯一金賞を受賞、そして能登杜氏自醸清酒品評会でも吟醸の部で北國文化記念賞・北國新聞社賞を得たのです。

京大農学部で醸造を学び灘の酒蔵で修業を積んだ「学士蔵元」の山田蔵元は初めての

一献に込めた想い

杜氏
奥田和昌さん

清酒酵母や麹菌などの微生物たちと、我々蔵人とが協力して醸す加越の酒。
偉大な先輩方が作り上げた味わいのお酒とともに、私らしい個性を出したお酒も育ててゆきたいです。

経験に喜ぶ一方、奥田杜氏、4人の蔵人とともに「ここが新しい出発点、気を引き締めて頑張ろう」と、コロナ禍が収まらない今、「少数精鋭醸造」に更なる磨きを掛けようとしています。

奥田杜氏は、杉本淳一前杜氏の下で働き、通算20年余の修業を積みました。広告代理店の社員として加越を担当し、酒づくりに魅せられて門をたたいたのが、蔵元の山田英貴蔵元(当時専務)の目に留まり、採用されました。

化学分析室で蔵人と山田蔵元

3つの栄誉を手にしての感想も「先輩から教わった製法を大事にしながら、細部で自分の思いを出せたのが評価されたのでしょうか」と謙虚な物言い。山田蔵元も「すべて好きなようにつくって」と絶妙の信頼関係を保っています。

一方で、山田蔵元は県酒造組合連合会の会長も務めており、コロナ禍においての県内業界の活性化にも意を砕く昨今です。そんな中、県が11年ぶりに開発した新酒米「百万石乃白」は「きっと、ウイズ・コロナの時代を切り開く起爆剤になろう」と予測。自蔵はもちろん加盟各社にも、新素材を手に知恵とアイデアで苦難の時代を乗り切る奮起を促しています。

酒蔵経営を語る山田蔵元

蔵元おすすめ5銘柄

酒峰加越 朱ノ吟

酒別：大吟醸酒
アルコール度：15.5度
味のタイプ：繊細で上品な味と香り
酒米：兵庫県産山田錦
精米歩合：38%

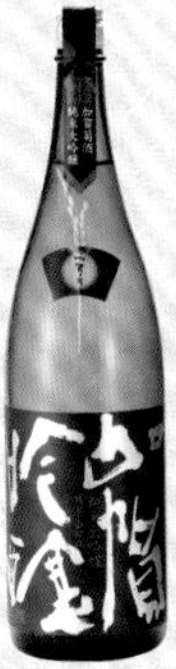

加賀吟醸（純米大吟）

酒別：純米大吟醸酒
アルコール度：15.5度
味のタイプ：旨味が広がる飲み口
酒米：兵庫県産山田錦
精米歩合：50%

加賀ノ月 三日月

酒別：本醸造酒
アルコール度：15.5度
味のタイプ：深くキレのある味わい
酒米：五百万石、一般米
精米歩合：65%

加賀ノ月 半月

酒別：純米酒
アルコール度：15.5度
味のタイプ：米の旨味とまろやかな味わい
酒米：五百万石、一般米
精米歩合：65%

加賀ノ月 百万石乃白

酒別：純米大吟醸原酒
アルコール度：17.5度
味のタイプ：心地よい酸味とバナナ様の香
酒米：百万石乃白
精米歩合：50%

主な受賞歴（過去3年）

《2021年全国新酒鑑評会 金賞》
《2021年金沢国税局酒類鑑評会 優等賞》
《2020年金沢国税局酒類鑑評会 優等賞》
《2019年全国新酒鑑評会 金賞》
《2019年金沢国税局酒類鑑評会 優等賞》

この料理にこのお酒

お刺身に
加賀ノ月 三日月

（料理提供:日本料理・梶助）

コウバコガニに
加賀ノ月 満月

（料理提供:日本料理・梶助）

いろんな和食に
酒峰加越 朱ノ吟

（料理提供:日本料理・梶助）

上出文博さん（69歳）
小松市小寺町在住
医師

私の一本
加賀ノ月 満月

仲間での飲み会には加賀ノ月で乾杯しています。とても飲みやすく、ほかの方にもおすすめしています。

加賀ノ月ホームページ http://www.kanpaku.co.jp

加越 検索

代表銘柄

菊《きく》鶴《つる》

ドイツのモーゼルワインを思わせる日本酒

E-SPACE

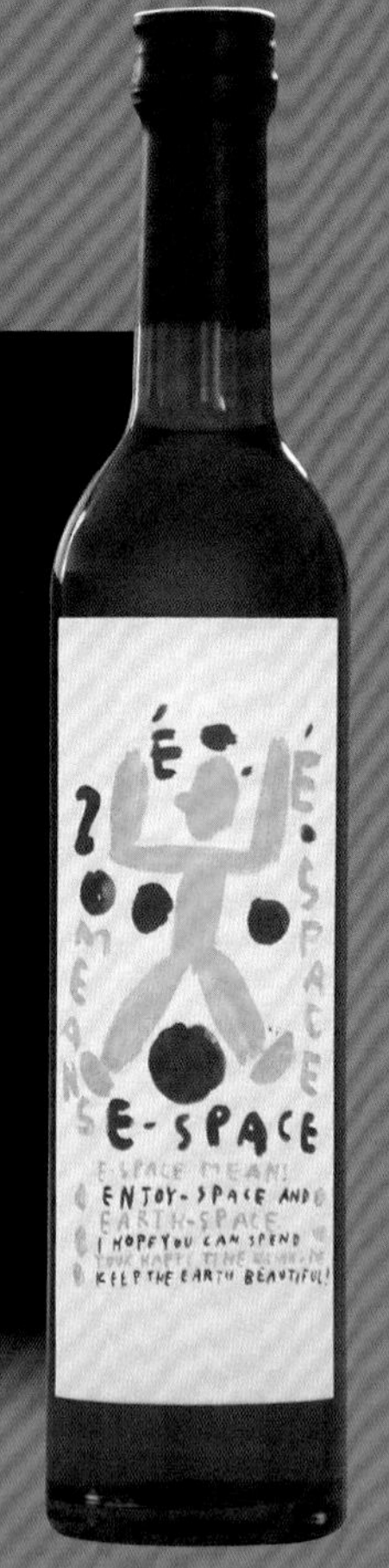

酒蔵ファイル 29
小松酒造組合

合資会社 手塚酒造場

[所在地] 小松市串町庚7番地
[創　業] 1921（大正10）年
[蔵　元] 手塚《てづか》 清明《きよあき》
[醸造委託先] 加越（小松市）、金谷酒造店（白山市）
TEL 0761-44-1200　FAX 0761-44-2342
e-mail tezuka@sr.incl.ne.jp

見学は受けていません

菊《きく》鶴《つる》と御《み》幸《ゆき》之《の》誉《ほまれ》を主銘柄に新趣向も

データ

純米酒〈通年商品〉

原料米：石川県産五百万石
精米歩合：60%
使用酵母：協会77号
仕込み水：白山の伏流水
アルコール度：9.5度
日本酒度：ー44.0　酸度：4.1
税込価格：500㎖ 1,250円

味わいタイプ

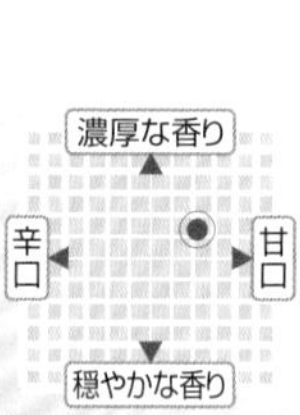

おすすめ温度

●女性にぴったりのフルーティーでフレッシュなワイン感覚の日本酒です。

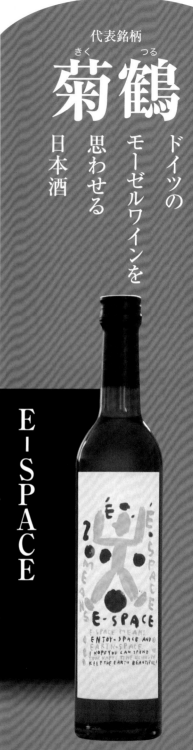

蔵元おすすめ4銘柄

御幸誉 大吟醸

御幸誉 純米吟醸

おいしい地酒 みーつけた 純米

菊鶴 上撰

酒別：大吟醸酒
アルコール度：15.6度
味のタイプ：やや辛口華やかでフルーティな香り
酒米：山田錦
精米歩合：50%

酒別：純米吟醸酒
アルコール度：15.5度
味のタイプ：爽快でなめらかなタイプ
酒米：五百万石
精米歩合：60%

酒別：純米酒
アルコール度：15.5度
味のタイプ：純米の重みを感じさせないまろやかな味
酒米：五百万石
精米歩合：65%

酒別：本醸造酒
アルコール度：15.5度
味のタイプ：熱燗、ぬる燗、常温、冷、いずれの温度でもおいしく飲める
酒米：五百万石他
精米歩合 :65%

1921(大正10)年創業の小規模な酒蔵で、100周年を迎えた今は小松市と白山市の酒蔵に醸造委託しています。

主銘柄は「菊鶴《きくつる》」ですが「御《み》幸之誉《ゆきのほまれ》」という創業時からの銘柄も復活しています。ただ、限定酒造のため、今は酒類販売が主な業務となっています。

手塚清明代表は大吟醸、純米吟醸、純米酒など「うまい酒」を志向する一方で、「E-SPACE」という女性向けの銘柄にもチャレンジしています。

わが蔵自慢

小松市の今江、串から月津を経て加賀市に至る旧道に面して残っている昔ながらの蔵です。昭和60年代まで稼働していましたが、現在は休蔵となっています。醸造はしていませんが、ワインや清酒などを貯蔵する蔵としては大きな存在です。

この料理にこのお酒

焼き魚に おいしい地酒 みーつけた 純米

白身魚の刺身に 御幸誉 純米吟醸

和牛ステーキに 御幸誉 大吟醸

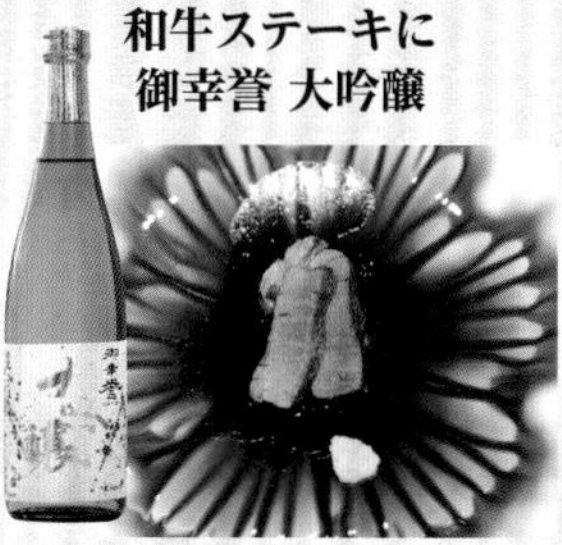

近藤孝純さん(69歳)
小松市串町在住
元教職員

私の一本
おいしい地酒 みーつけた 純米

大学卒業後、手塚さんのお酒を愛飲しています。校長退職後は趣味の釣りでとれた魚や家庭菜園で採れた野菜を料理して、これらを酒の肴《さかな》に、「おいしい地酒みーつけた・純米」を晩酌に飲むのを楽しみにしています。

酒蔵ファイル
小松酒造組合 **30**

合同会社 西出酒造

[所在地] 小松市下粟津町ろ24番地
[創　業] 1913（大正2）年
[蔵　元] 西出 裕恒《ひろひさ》
[杜　氏] 西出 裕恒（蔵元杜氏）
TEL 0761-44-8188　FAX 0761-44-4521
e-mail info@nishidesake.com
URL https://nishidesake.com

見学可
要予約

代表銘柄

春《はる》心《ごころ》

究極の地酒を追求している蔵の酒

地産地消の酒づくり 南加賀産杉で「甑《こしき》」も

データ

生酛《きもと》つくり純米酒〈通年商品〉

原料米：コシヒカリ、五百万石
精米歩合：70%
使用酵母：無添加　蔵付酵母
仕込み水：白山（大日山系、とても軟水）の伏流水
アルコール度：不定
日本酒度：不定　酸度：不定
税込価格：720㎖ 1,870円
　　　　　1.8ℓ 3,960円

味わいタイプ

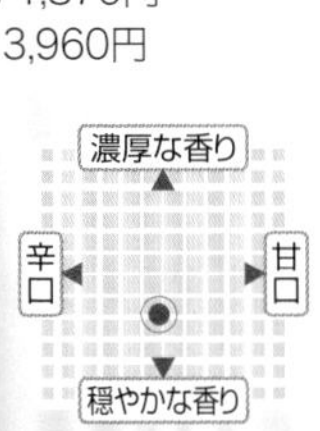

おすすめ温度

冷酒　常温　ぬる燗　熱燗
部屋℃　50℃

●究極の地酒を追求したTHE春心。酵母無添加生酛つくりにより蔵の背景や情景を感じるような一期一会の味わい。お米の旨味すなわち出汁《だし》を味わえます。

春心 THE ハルゴコロ

仕込み本番、家族とともに精出す西出裕恒蔵元杜氏＝小松市粟津町の西出酒造

粟津温泉近くの創業100年を超える老舗「西出酒造」の蔵元杜氏、西出裕恒さん(39)は、地産地消の酒づくりを推し進めています。

凝り性を自認する西出蔵元杜氏はまず、先祖から継いだ蔵そのものを大事にしてきました。というのも、古い蔵には、いわゆる「蔵付き酵母菌」がすみつき、これが醸造に果たす役割が大きいからです。

つい最近、南加賀産のスギでつくった、酒米を蒸す木桶「甑《こしき》」を新調しました。2021(令和3)年の酒づくりから使っています。

しかも、この甑は西出蔵元杜氏の知人の大工らに製作を依頼、香川県小豆島《しょうどしま》町が取り組む「木桶職人復活プロジェクト」のワークショップで製法を学んだという、かなり力の入った完成品となりまし

できあがった新たな甑を前に談笑する西出蔵元杜氏(右端)

一献に込めた想い

蔵元杜氏

西出裕恒さん

代表銘柄の「春心」には「究極の地酒」をテーマに掲げ、お米や酵母など地産にこだわった味わいを表現しています。そのため毎年出来あがるお酒の味わいは決して同じではありません。その年だけの味わいとして楽しんで頂ければ幸いです。また西出酒造の情景や背景を感じて頂けるような酒つくりを目指して邁進《まいしん》したいと思っています。

た。

そして、今、計画しているのは、小松市の山あいの西俣町の耕作放棄地を活用しての、酒米の栽培です。酒米「五百万石」を農薬や化学肥料を使わない自然栽培で使うものです。約1千平方メートルを田んぼにする計画で、草刈りや水の管理は地元農家の手ほどきを受けます。

こうした自然由来の素材を元に家族労働で地酒を醸す姿勢は、県内のみならず県外、あるいは首都圏・関西圏にまで評判が広がっています。そんな中、20年には有り難い要請を受けました。

大手百貨店「高島屋(大阪市)」から連携して純米大吟醸をつくり販売したいとの申し出でした。小松市国府校下の農家が丹精した県産新酒米「百万石乃白」を使い、21年1月末から3月にかけて仕込んだ酒は精米歩合48パーセントの見事な味と香りに仕上がりました。その名も「裕恒　HIROHISA百万石乃白」。首都圏の高島屋に並び「小松の地酒」をアピールしました。

いったん譲渡した蔵を買い戻して主銘柄「春心」を復活させ、すっかり地酒蔵の軌道に乗せた西出蔵元杜氏。いよいよ「不惑」の40代には「小松に西出酒造あり」の評判を高めたいと、地産地消の次なるテーマを探し求めています。

広々とした西出酒造の店構え

自社酒米を栽培する予定の耕作放棄地=小松市西俣町

蔵元おすすめ5銘柄

春心 生酛《きもと》つくり純米酒

HARUGOKORO Another series 特別純米酒 紺ラベル

HARUGOKORO Another series 特別純米酒 PINKラベル

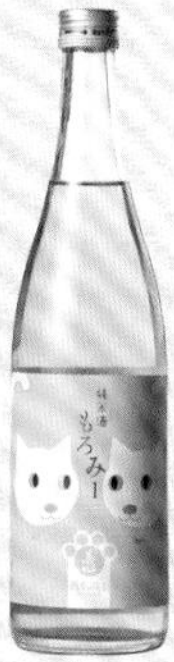

純米酒もろみー

裕恒HIROHISA 純米吟醸 白shiro

酒別：純米酒	酒別：特別純米酒	酒別：特別純米酒	酒別：純米酒	酒別：純米吟醸
アルコール度：17度	アルコール度：15度	アルコール度：15度	アルコール度：15度	アルコール度：16度
味のタイプ：旨味酸味複雑	味のタイプ：ほのかに甘口	味のタイプ：ドライ＆ライチ	味のタイプ：甘味酸味	味のタイプ：優しい甘味と滑らかなキレ
酒米：コシヒカリ　ジャパンファーム産（小松市那谷町）	酒米：百万石乃白	酒米：百万石乃白	酒米：五百万石	酒米：八反錦
精米歩合：70%	精米歩合：60%	精米歩合：60%	精米歩合：65%	精米歩合：50%

わが蔵自慢

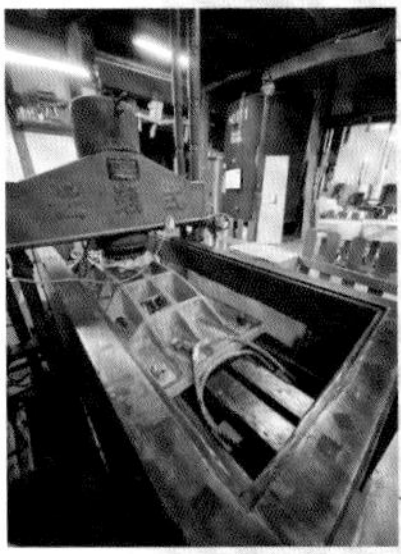

木製酒槽（ふね）

1956（昭和31）年から使い続けている佐瀬式という木製の酒槽（油圧式圧搾機）、いわゆる「ふね」です。昔から全ての醪《もろみ》をこれで搾《しぼ》っており、現代で主流の搾り方法よりも圧力を掛けれず、生成量が少ないため、雑味も少ないお酒が出来あがります。搾り後、酒袋から採れる酒粕は肉厚がありジューシーで、昔ながらの酒粕としてご好評をいただいております。

この料理にこのお酒

かぶらずし、白えびのかき揚げ、燻製のナッツ&チーズ、味噌汁に 春心 生酛つくり純米酒

イカ刺身(塩&すだち)、夏野菜(焼ズッキーニ、オクラ、トマト、ナスなど)に HARUGOKORO Another series 特別純米酒　紺ラベル

イチゴジャムを添えた酒粕チーズケーキ、アボカド&ローストビーフ粉チーズ添えに HARUGOKORO Another series 特別純米酒　PINKラベル

私の一本

春心 生酛つくり純米酒

小松市下粟津町在住
元教諭
穴《あな》田《た》昭《あき》一《かず》さん（76歳）

長い間、ずっと下戸だったんです。教員退職後の15、16年前から、風呂上がりにちょっとたしなみ始めました。やはり、地元の地酒ということで、「春心」を愛飲してきました。名前がいいですね。老後の楽しみの一つです。

春心ホームページ　https://nishidesake.com　西出酒造　検索

酒蔵ファイル
小松酒造組合 31

橋本酒造 株式会社

[所在地] 加賀市 動橋《いぶりはし》町イ163
[創　業] 1760（宝暦10）年
[蔵　元] 橋本 佳幸《よしゆき》
[杜　氏] 橋本 佳幸（蔵元杜氏）

TEL 0761-74-0602
FAX 0761-74-0603
e-mail contact@judaime.com
URL https://judaime.com

見学可 要予約

代表銘柄

十《じゅう》代《だい》目《め》

創業261年
侍魂《さむらいだましい》が醸《かも》す
蔵元十代目
自信作

加賀の酒蔵

「十代目」技磨き一筋に
亡き巨匠から手ほどき

データ

純米大吟醸〈通年商品〉

原料米：五百万石
精米歩合：50%
使用酵母：901
仕込み水：大日山の伏流水
アルコール度：15度
日本酒度：+4　酸度：1.5
税込価格：180㎖ 605円 300㎖ 1,210円
720㎖ 2,420円 1.8ℓ 4,840円

味わいタイプ

おすすめ温度

冷酒　常温　ぬる燗　熱燗

8〜15℃

●ワインのシャブリを思わせるような超辛口でキレがよく爽快かつ上品さを備えた味わいです。クリームチーズとの相性は最高です。

純米大吟醸 十代目

代表銘柄「十代目」を手にする橋本佳幸蔵元杜氏と唎酒師の認定証書を手にする豊子女将＝加賀市動橋町の橋本酒造

2021（令和3）年7月、蔵元杜氏の橋本佳幸社長（58）は、加賀市動橋に創業して260年を超える老舗の10代目として、決意を新たにしました。前の巨匠杜氏の前良平さんが93歳で亡くなったからです。

既に7年前、前さんが引退を申し出た時から覚悟を決めていました。もっとも何かの折には連絡を取り、「師匠」の肉声に接してきただけに、訃《ふ》報を得て、涙にむせびました。

橋本酒造では長い間、看板銘柄を「大日盛《だいにちざかり》」で通してきました。それが、2000（平成12）年、佳幸社長が蔵元を襲名したのを機に、「看板酒」は「十代目」に変更しました。ただし、「大日盛」は普通酒の銘柄として残しました。

無論、佳幸社長は名前を変えたからといって、長年練り上げられた酒質を決して劣ったものにしたくはありませんでした。その後盾《うしろだて》となったのが、1977（昭和52）年以来、杜氏を務めている能登杜氏の「現代の名工」前さんでした。

新蔵元は「しっかりした濃《のう》醇《じゅん》の味」の仕込みの手ほどき

こじんまりとした蔵で酒を醸す蔵人

一献に込めた想い

蔵元杜氏 橋本佳幸さん

加賀の地で酒を醸して261年。蔵元十代目として全酒類伝統の手造りにこだわり、美味しい酒造りに励む日々です。

石川県産酒米の五百万石をはじめ山田錦を和釜で蒸し上げ、早朝の澄んだ大気で自然放冷し仕込み、木製酒槽でゆっくりと搾ります。

手間はかかりますが雑味のない「うまい!」と喜んで頂けるお酒を必ず皆様にお届けいたします。

を受けました。精米歩合40パーセントと酒米を削り込んで得た麹で勝負する巨匠の名前の名酒も市場デビューさせました。終始、温厚であった前さんの能登流を「十代目」として着実に伝えていきたいとします。

橋本酒造の特徴の一つは、立派な構えの木造商家の1階が酒蔵資料館になっていることです。今は、コロナ禍で激減しましたが、ひところ、加賀温泉などに来た県外あるいは海外からの観光客がよく訪問しました。そんな時、佳幸蔵元杜氏の妻の豊子女将が、「唎酒師《ききざけし》」の資格をもっており、誠実で熱意のこもった応対をしてきました。

橋本夫妻が近未来で期待するのは、北陸新幹線の敦賀延伸です。首都圏からの観光客が、これまでになく増えると見込みます。さらに世界的な日本酒ブームで輸出の好転も予想します。そのときまでは「ひたすら忍の一字」。とはいえ、製造と営業の手は緩めず、ひたすら、次世代にバトンを渡す日を夢見ているようです。

心のこもった試飲の応待をする豊子女将

「酒　無料試飲」の看板

動橋のまちなかにどっしり構える橋本酒造の外観

蔵元おすすめ5銘柄

現代の名工

酒別：熟成大吟醸酒
アルコール度：17度
味のタイプ：十年熟成した芳醇な香りとまろやかさは一献の価値あり。
酒米：山田錦
精米歩合：40%

大吟醸原酒 十代目

酒別：大吟醸原酒
アルコール度：17度
味のタイプ：侍魂が醸す 蔵元十代目自信作。淑やかな香りと奥深い味わいは絶品。
酒米：五百万石
精米歩合：50%

原酒 まとも

酒別：本醸造原酒
アルコール度：18度
味のタイプ：伝統の手造りにより醸された濃厚旨味本格原酒。
酒米：五百万石
精米歩合：70%

鐘馗《しょうき》

酒別：本醸造辛口
アルコール度：15度
味のタイプ：淡麗辛口でスッキリした味わい。その軽やかさは逸品。
酒米：五百万石
精米歩合：70%

純米酒 加賀の峰

酒別：純米酒
アルコール度：15度
味のタイプ：ほのかな香りと絶妙な酸味のコク深純米酒。
酒米：五百万石
精米歩合：70%

わが蔵自慢

大日盛酒蔵資料館を併設し
昔のひと時にタイムスリップ

自慢の大吟醸をはじめ10種類の地酒を試飲ができます。きっとお気入りが見つかります。ちょっとした資料館です。どうぞ、お楽しみください。

この料理にこのお酒

ブリやノドグロの塩焼きに
大吟醸原酒 十代目

治部煮《じぶに》、加能ガニに
原酒 まとも

カレイの煮つけ、金沢おでんに
純米酒 加賀の峰

加賀市作見町在住
医療従事者
川崎靖子さん（64歳）

私の一本
純米酒 加賀の峰

私のおすすめの飲み方は、夏はキーンと冷やして、ワインのように料理に添えます。生ハムとの相性は抜群です。冬は燗《かん》してお鍋と共に杯を傾けます。一年中楽しめますよ。

十代目ホームページ　http://www.judaime.com　橋本酒造　検索

酒蔵ファイル
小松酒造組合 32

鹿《か》野《の》酒造 株式会社

［所在地］加賀市八日市町イ6
［創　業］1819（文政2）年
［蔵　元］鹿野 博通《ひろみち》
［杜　氏］木谷《きや》 太津男《たつお》
TEL 0761-74-1551　FAX 0761-74-6120
e-mail kano@jokigen.co.jp　URL www.jokigen.co.jp

見学は受けていません

代表銘柄

常《じょう》きげん

伝統の
個性溢《あふ》れる
「山廃仕込」への
こだわり

加賀の酒蔵

父子相伝の「伝統蔵」
百万石乃白に夢かけ

データ

山廃仕込純米酒〈通年商品〉

原料米：五百万石
精米歩合：65%
使用酵母：自社酵母
仕込み水：白山の伏流水
アルコール度：16度
日本酒度：+3　酸度：1.8
税込価格：720mℓ 1,540円
1.8ℓ 2,970円

味わいタイプ

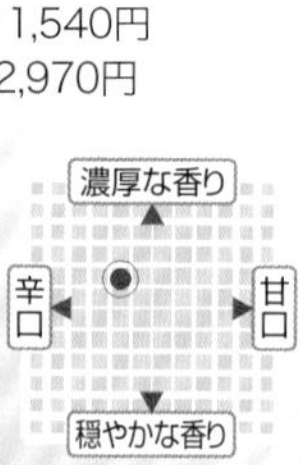

おすすめ温度

冷酒　常温　ぬる燗　熱燗

15〜40℃

●どっしりとしたコクのある飲み口と、のどごしの鋭い切れ味が特長です。肉料理などでお楽しみください。

常きげん 山廃仕込純米酒

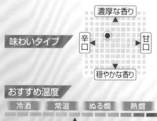

蒸した酒米に麹《こうじ》菌を仕込む蔵人の作業を見守る博通蔵元＝加賀市八日市町の鹿野酒造

２００年続く老舗《しにせ》鹿野酒造の蔵元となって鹿野博通社長(48)は、２０２１(令和３)年で足かけ９年になります。

東京農大醸造学科を卒業後、１９９９(平成11)年に鹿野酒造に入り、醸造部門の蔵人と営業マンの二足のわらじを履いて奔走した後、父子相伝の伝統蔵を預かりました。

この９年を振り返ると、就任当初は頼宣《よりのぶ》会長の指導の下、「教わることばかり」でしたが、最近ようやく会長は「いつまでもでないぞ」と背後から見守る構えに変わってきました。蔵元の仕事ぶりに脂《あぶら》が乗ってきたと見るからでしょうか。博通蔵元も自覚し、ほぼ同年代の、こちらはこの道20年超の木谷太津男杜氏(49)とよく話し合いながら酒づくりを進めています。

頼宣会長はアイデア豊かな辣腕《らつわん》経営者だったと、今さらながら感心しているのだそうです。例えば「ＫＩＳＳ《キス》 ｏｆ《オブ》 ＦＩＲＥ《ファイア》」。およそ、日本酒の通念を打ち破り、瓶の色や形といい、名前といい、斬新な発想でした。大丈夫なの、と

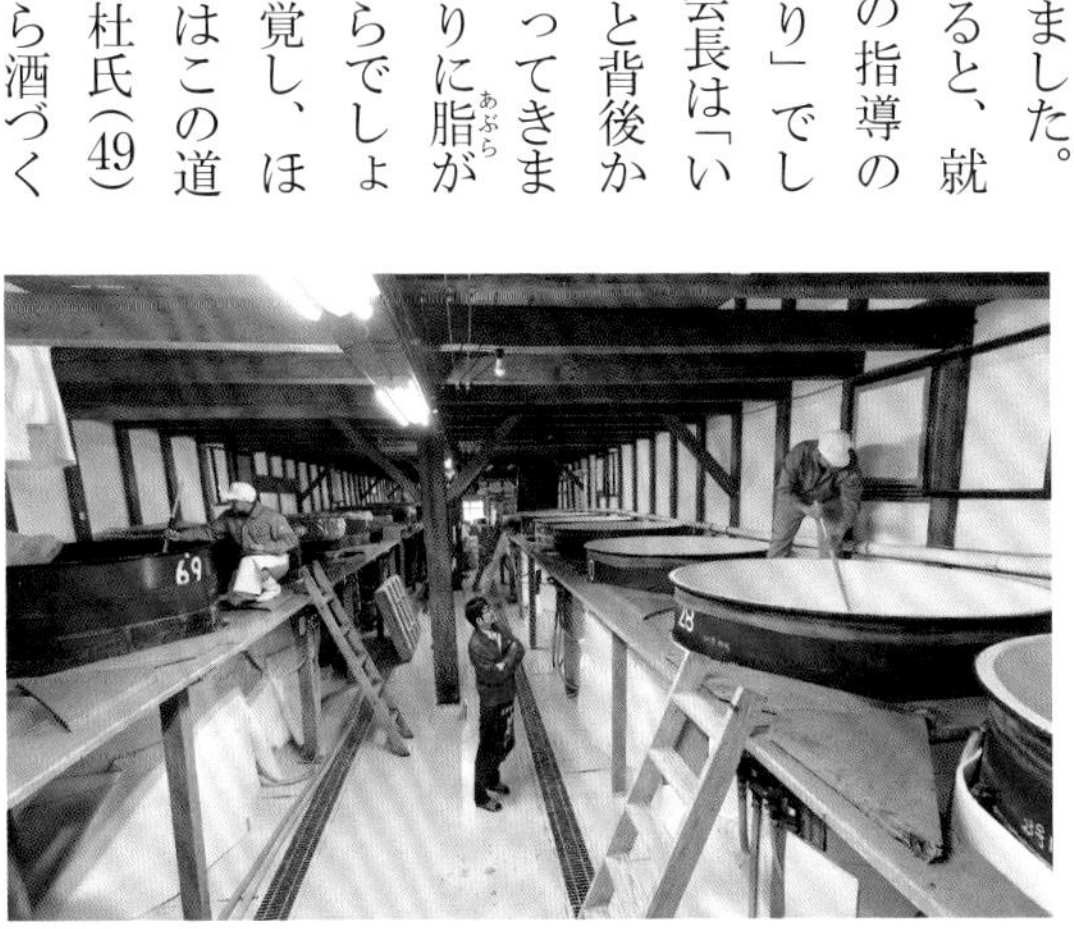

仕込みタンクがずらり並んだ蔵内

一献に込めた想い

杜氏
木谷太津男さん

酒づくりでは、毎回新しい学びや発見があります。

　蒸《む》し米《まい》や麹《こうじ》、もろみなどまだまだ分からないことが多いですが、それを楽しみつつ酒造りを続けています。そこで培《つちか》ったことを活かし、醸《かも》す酒が、飲んでくださった方々の心や身体を癒《いや》されるものになれば幸いです。

店前に立つ頼宣会長(右)と博通蔵元

の周囲の懸念にも当初の考えを貫き市場デビュー。

　予想以上にグローバルな反響が相次ぎました。05年にルイ・ヴィトン日本法人のニューイヤーパーティーで乾杯酒に採用されたのを皮切りに、12、13年とノーベル賞受賞ナイトキャップ祝宴でも連続採用されたのです。

　無論、先祖代々大事にしてきた名水「白水の井戸」から引く仕込み水、それに自社田で栽培する酒造好適米「山田錦」と素材の基盤も頼宣会長はしっかり整えてきました。

　「そんな下地があったからこそ今日がある」と博通蔵元は謙虚に受け止め、自分流儀を発揮しつつあります。20年にリニューアルしたのが「特別純米酒 幻の加賀の庄」。コロナ禍の逆風に目下、待機中といったところでしょうか。

　県内酒造業界が挙げて取り組む新酒米「百万石乃白」にも積極的です。「甘みがあってほんのり香りが立つ吟醸系の酒」を精米歩合48%まで磨いて、全国新酒鑑評会に出品し、できれば金賞をものにしたいと夢を大きく描いています。

風格ある鹿野酒造の外観

蔵元おすすめ5銘柄

常きげん 純米大吟醸

常きげん 純米大吟醸 百万石乃白

KISS of FIRE

常きげん 山純吟

常きげん 幻の加賀の庄

常きげん 純米大吟醸	常きげん 純米大吟醸 百万石乃白	KISS of FIRE	常きげん 山純吟	常きげん 幻の加賀の庄
酒別：純米大吟醸酒	酒別：純米大吟醸酒	酒別：純米大吟醸酒	酒別：山廃純米吟醸酒	酒別：特別純米酒
アルコール度：16度	アルコール度：16度	アルコール度：15度	アルコール度：16度	アルコール度：15度
味のタイプ：やや辛口	味のタイプ：やや辛口	味のタイプ：やや辛口	味のタイプ：やや辛口	味のタイプ：やや辛口
酒米：山田錦	酒米：百万石乃白	酒米：山田錦	酒米：山田錦、美山錦	酒米：山田錦
精米歩合：50%	精米歩合：48%	精米歩合：50%	精米歩合：55%	精米歩合：60%

主な受賞歴（過去3年）

《2021年金沢国税局酒類鑑評会 優等賞》
《2020年金沢国税局酒類鑑評会 優等賞》
《2021年クラマスター 金賞》
《2019年クラマスター 金賞》
《2021年全国燗酒コンテスト 金賞》
《2020年全国燗酒コンテスト 金賞》
《2019年全国燗酒コンテスト 最高金賞》
《2020年ワイングラスでおいしい日本酒アワード 金賞》
《2019年能登杜氏自醸清酒品評会 能登杜氏組合長賞・能登町長賞》
《2019年全国新酒鑑評会 入賞》

わが蔵自慢

白水の井戸

蓮如伝説に基づき、頼宣会長が1998年、再興しました。先祖からの授かり物です。

この料理にこのお酒

甘エビの刺身に
常きげん 純米大吟醸 百万石乃白

サバへしこ吟醸仕込みに
常きげん 山純吟

ブリ大根に
常きげん 幻の加賀の庄

私の一本

常きげん 上撰

加賀市八日市町在住
無職
鹿野秀逸郎さん（72歳）

酒にはかれこれ半世紀にわたり親しんできました。現役会社員の頃は、仕事を終えて帰宅後の一杯が疲れを忘れさせてくれます。「常きげん」は飽きのこない、いい酒です。燗でよし、冷やして良し。ハタハタの煮物で一献傾けるのは最高です。

常きげんホームページ　www.jokigen.co.jp　鹿野酒造　検索

酒蔵ファイル
小松酒造組合 33

松浦酒造 有限会社

［所在地］加賀市山中温泉富士見町オ50番地
［創　業］1772（安永元）年
［蔵　元］松浦 文昭
［杜　氏］松浦 文昭（蔵元杜氏）
TEL 0761-78-1125　FAX 0761-78-1126
e-mail info@shishinosato.com
URL https://www.shishinosato.com

見学は受けていません

代表銘柄

獅《し》子《し》の里《さと》

料理を
引き立てる
穏やかな
香りの食中酒

加賀の酒蔵

獅子の里 純米大吟醸

蔵人に米国人の女性 新ラベルには友禅画

データ

純米大吟醸酒〈通年商品〉

原料米：山田錦（兵庫県産）
精米歩合：40%
使用酵母：金沢酵母（協会14号）
仕込み水：山中の伏流水
アルコール度：16度
日本酒度：＋3　酸度：1.6
税込価格：720㎖ 5,830円
　　　　　1.8ℓ 11,660円

味わいタイプ

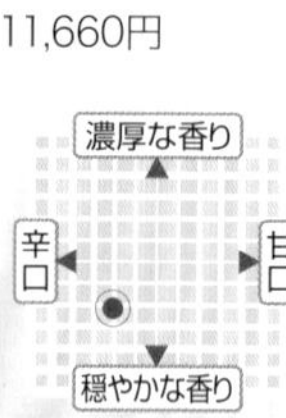

おすすめ温度

冷酒　常温　ぬる燗　熱燗

5〜15℃

●山田錦を40パーセントまで磨いた純米大吟醸。果実香のふくらみと軽く透明感のあるきれいな味わいです。

松浦文昭蔵元杜氏（左）とともに作業にいそしむハナ・カーシュナーさん＝加賀市山中温泉の松浦酒造

２０２２（令和４）年に創業２５０年を迎えます。14代目蔵元杜氏の松浦文昭代表（52）は山形県や千葉県などで蔵人として修行を積み、東広島市の酒類総合研究所で酒づくりの基本も学び14代として、２００２（平成14）年に13代の父、重蔵さんから事業を継承しました。

「違いを求めて人がしないような試みをせよ」とのアドバイスを先代から受け、この足掛け20年の間に例えばスパークリング「獅子の里鮮」を考案しました。創意工夫と独自性追求を忘れること

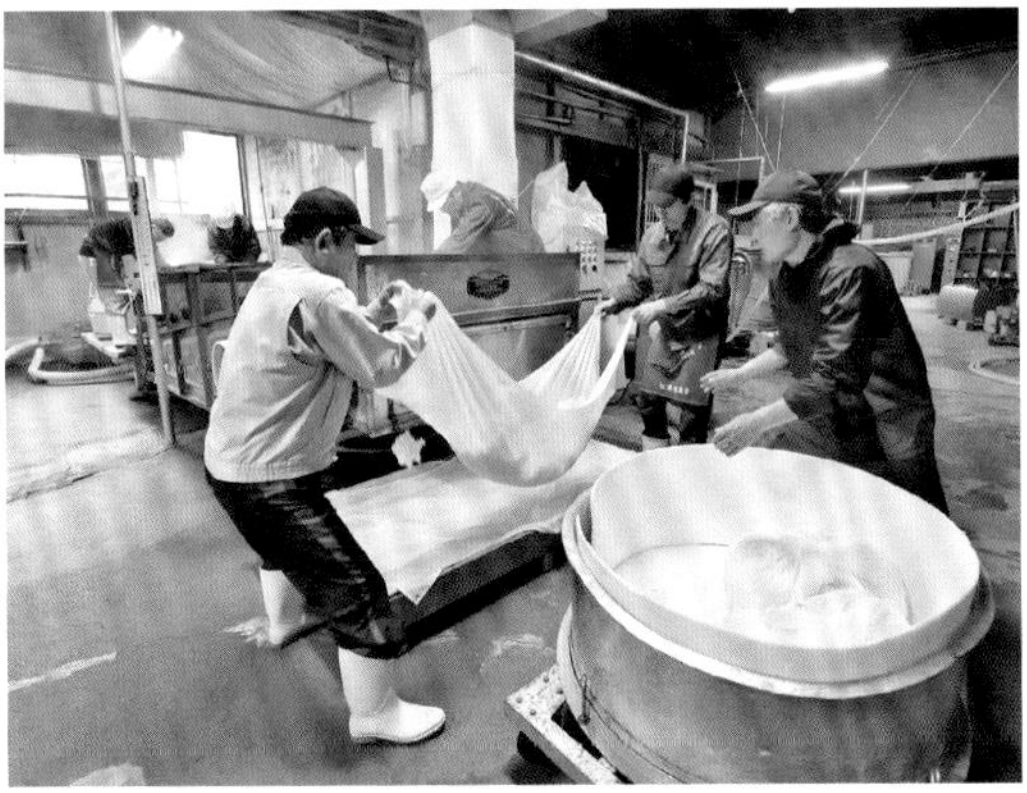

蒸した酒米の取り出し

毎田仁嗣氏がデザインしたスパークリング「獅子の里鮮」の瓶ラベル

一献に込めた想い

杜氏 松浦文昭さん

石川の新鮮な旬の食材を引き立てられるように、日本酒の魅力と新たな一面を表現出来るように努力致しております。

私は蔵人時代、弊酒蔵に30年以上いた岩手県の南部杜氏、八重樫正志さんの指導を8年受けました。微生物のリズムに醸しを合わせることを肌で教わりました。昔の杜氏、蔵人はパワーがありましたね。

なく、創業２５０年に向け、「山中温泉の地酒」を末永く発信していく構えです。

松浦蔵元杜氏には心強い応援団がいます。岳父である金沢市在住の加賀友禅作家、毎田健治さん(81)と長男の仁嗣さん(47)です。瓶ラベルのデザインを一新してくれました。健治さんはグリーンボトルの純米大吟醸「獅子の里」の獅子、仁嗣さんはブルーボトルのスパークリング「獅子の里鮮」の細やかな泡を描くのに絵筆を執ってくれました。

一方、酒づくりの現場では、初めて外国人で女性のハナ・カーシュナーさん(37)＝フリーライター・米国出身が蔵人として参加。カーシュナーさんは海外に清酒をはじめ日本の伝統文化を発信したいとして２０１８年から山中に住み、和文化研究の傍ら、松浦酒造で酒づくりに勤しんできました。松浦蔵元によると、その働きぶりは「まじめかつ精力的」でどんな重労働もいとわず、蔵人たちとの和を大事にして「約2年4カ月、とてもいい刺激を与えてくれました」。そして２０２１年春、「酒未来」という山形県産酒米を使った純米吟醸酒「酒未来」の瓶のラベル画を作成してくれました。そのラベル画は2本の稲穂を墨の濃淡で表現した水墨画です。コロナ禍の中、世界の明るい未来を願って「酒未来」は、盛夏7月に市場出荷しました。

松浦蔵元杜氏は「これからも様々な方々の支えと自然の恵みに感謝して、旬の食材を引き立てる穏やかな香味の食中酒を追求していきたいと思います」と語っています。

麹米を交ぜ合わせる作業

町家づくりの松浦酒造の外観

蔵元おすすめ5銘柄

純米大吟醸 獅子の里 愛山《あいやま》

酒別：純米大吟醸酒
アルコール度：16度
味のタイプ：爽やかな辛口
酒米：愛山
精米歩合：50%

純米吟醸 旬《しゅん》

酒別：純米吟醸酒
アルコール度：14度
味のタイプ：穏やかな旨口
酒米：山田錦
精米歩合：55%

鮮《せん》

酒別：スパークリング
アルコール度：13度
味のタイプ：シュワシュワ
酒米：山田錦
精米歩合：60%

超辛純米酒 獅子の里

酒別：純米酒
アルコール度：15度
味のタイプ：すっきり辛口
酒米：石川門
精米歩合：65%

獅子の里 純米吟醸 無垢《むく》

酒別：純米吟醸酒
アルコール度：16度
味のタイプ：穏やか爽やか
酒米：八反錦
精米歩合：60%

わが蔵自慢

唐獅子の加賀友禅画

長男が誕生した2000（平成12）年に、岳父の加賀友禅作家毎田健治氏から、しっかり後を継ぐ嗣子《しし》となってほしいとの願いを込めて作成してもらいました。近年の「獅子の里」の新ラベルに採用いたしました。

この料理にこのお酒

鴨鍋《かもなべ》に
純米大吟醸 獅子の里 愛山

タイやヒラメなど白身魚の刺身に
純米吟醸 旬

フレンチに
スパークリング 鮮

私の一本 無垢

角出克人・由香利ご夫妻（53・48歳）
山中温泉塚谷町在住
団体職員（JA加賀）

2人とも山中温泉の唯一の地酒メーカーである松浦酒造の清酒が好きです。中でも「無垢」。名前がいいですね。純米吟醸の穏やかで爽やかな飲み口はどんな料理にも合います。

獅子の里ホームページ **https://www.shishinosato.com** 松浦酒造 検索

第4章

石川の地酒 人と文化と

ウィズコロナの時代に、フェースシールドを着用し、仕込みを行う蔵人
=加賀市の松浦酒造

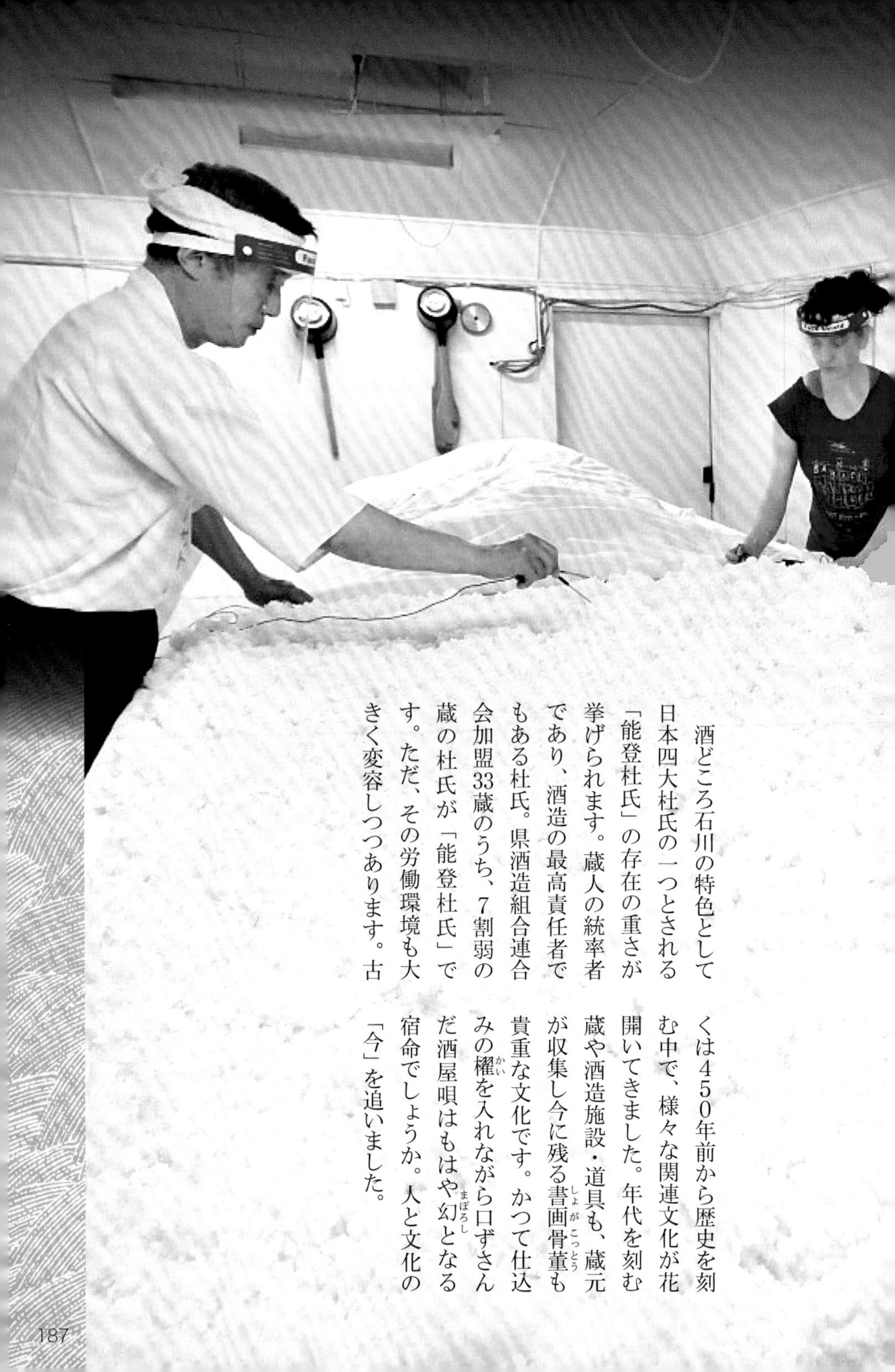

酒どころ石川の特色として日本四大杜氏の一つとされる「能登杜氏」の存在の重さが挙げられます。蔵人の統率者であり、酒造の最高責任者でもある杜氏。県酒造組合連合会加盟33蔵のうち、7割弱の蔵の杜氏が「能登杜氏」です。ただ、その労働環境も大きく変容しつつあります。古くは450年前から歴史を刻む中で、様々な関連文化が花開いてきました。年代を刻む蔵や酒造施設・道具も、蔵元が収集し今に残る書画骨董《しょがこっとう》も貴重な文化です。かつて仕込みの櫂《かい》を入れながら口ずさんだ酒屋唄はもはや幻《まぼろし》となる宿命でしょうか。人と文化の「今」を追いました。

全国の杜氏集団（人数は杜氏数）

※人数を表記した団体は４大杜氏

2019年5月末日

県内の酒蔵、7割弱が能登杜氏

石川の酒づくりに能登杜氏の存在は欠かせません。能登杜氏は、南部《なんぶ》(岩手県)、越後《えちご》(新潟県)、但馬《たじま》(兵庫県)と並ぶ日本四大杜氏の一つに数えられています。遠い昔より「能登衆」と呼ばれ、勤勉で粘り強い気質と「能登流」として名高い酒づくりの技は父から子、子から孫、または先輩から後輩へとしっかり伝承されてきました。

能登杜氏はもちろん、県内のみならず、県外の酒どころ各地で活躍しています。珠洲市上戸にある能登杜氏組合によると、日本酒造杜氏組合連合会直近の統計として２０１９(令和元)年度、同連合会を組織する単位組合は全国に19あります。このうち杜氏が一番多いのが一般社団法人南部杜氏協会の２２１人、２番手が越後杜氏で組織する新潟酒造技術研究会の93人、そして３番手が能登杜氏組合の76人です。日本四大杜氏のうち能登杜氏は、兵庫県の但馬杜氏関係３組合の計69

勤勉、粘り強く「能登流を」伝承

「日本四大杜氏」の3番手

能登杜氏分布図

2021年4月1日現在

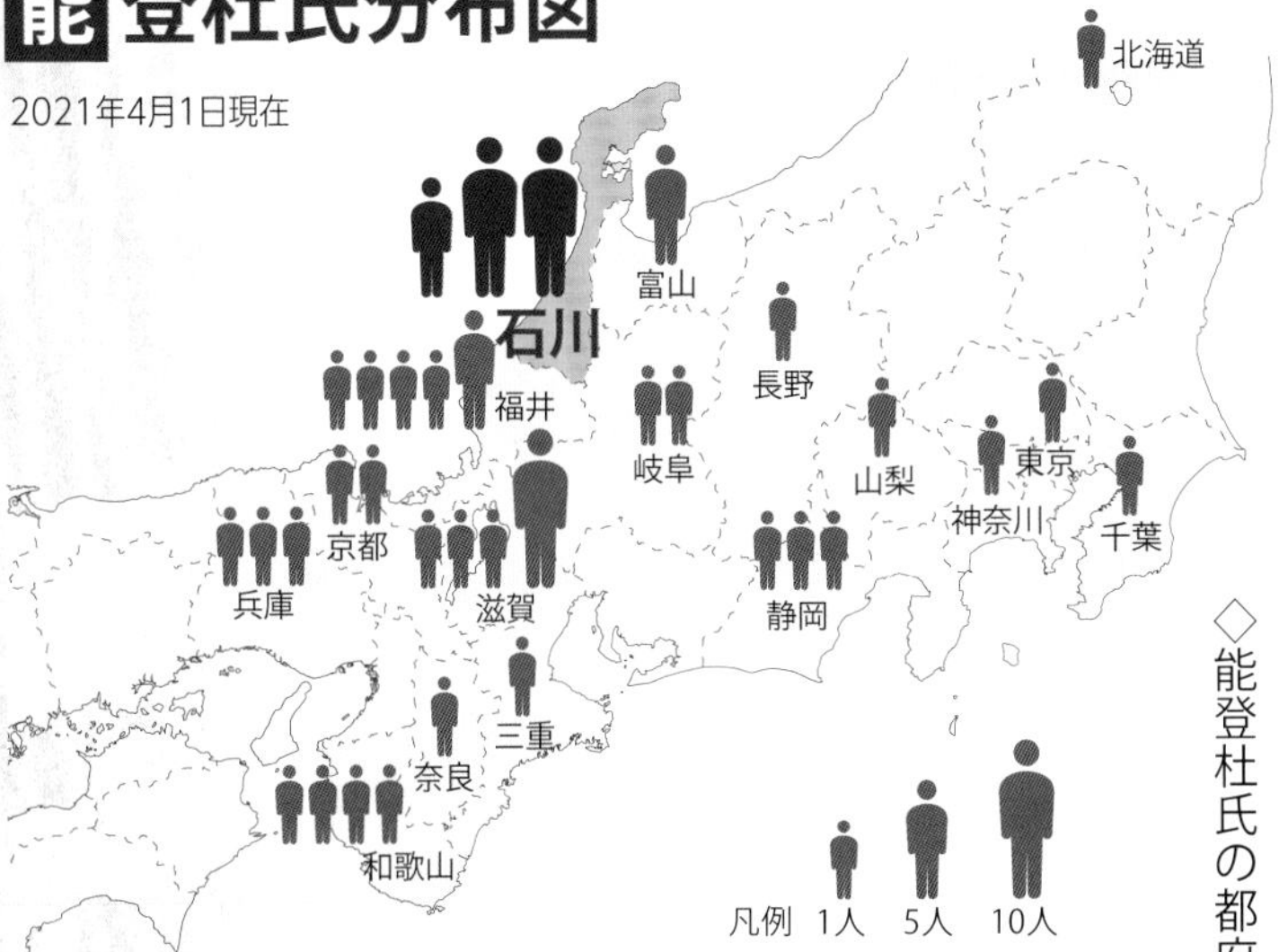

人を上回っています。

　翻《ひるがえ》って能登杜氏組合の21年4月1日現在の組合員数は、杜氏73人、蔵人151人、炊事人6人の計230人。杜氏73人のうち24人が県酒造組合連合会加盟33蔵の69・69パーセントに当たる23蔵に在籍し、1人が県内の非加盟の蔵におり、県内にいる能登杜氏の合計は25人です。県外では滋賀が最も多く13人、以下、福井9人、富山5人などと広く中部、関西、関東の酒蔵で活躍しています。

　能登杜氏は基本的に能登町や珠洲市など能登出身で能登杜氏組合所属の杜氏を指します。しかし、出身地が能登でなくても、県外の蔵で勤務しても、能登杜氏の推薦があれば認定されます。

　杜氏は雇用形態によって▽蔵元が兼ねる「蔵元杜氏」▽蔵元でないが経営に参画する「取締役杜氏」▽例年10月から翌年3月雇用の「季節杜氏」▽通年雇用の「社員杜氏」、に大別されます。県酒造組合連合会加盟の33蔵のうち、21年4月1日時点で能登杜氏が仕切る23蔵の内訳は、蔵元杜氏

◇能登杜氏の都府県別在勤杜氏数（21年4月1日現在）

石川	富山	福井	滋賀	岐阜	三重	京都	奈良	兵庫	和歌山	静岡	長野	山梨	神奈川	東京	千葉	北海道
25	5	9	13	2	1	2	1	3	4	3	1	1	1	1	1	1

※杜氏数のうち1人が2蔵を掛け持ちしています。

県内では蔵元杜氏が主流
昔ながらの季節杜氏健在

が10歳、社員杜氏が8歳、季節杜氏が5歳、取締役杜氏が1歳となっています。

杜氏は醸造たけなわの12月から2月はかなりハードな業務となります。蔵に泊まり込み、麹菌との対話に睡眠時間もまとまって取れず、これには労働基準法の特例が適用されています。よって勤勉で忍耐力に富む能登人こそ、杜氏に向いているともいわれるわけです。昔は杜氏といえば、「季節杜氏」が当たり前であったようです。春、夏、秋口は農業にいそしみ、農閑期の晩秋から翌年寒明けまで杜氏を務めるのが、季節杜氏の1年でした。

しかし、近年は農業社会も様変わりし、また、酒造業界も生き残りをかけ若年労働者の確保を期し、働きやすく魅力ある労働環境づくりに、真剣に取り組んでいます。このため、30代、40代の蔵元が経営上、自ら「蔵元杜氏」を兼務したり、杜氏の通年勤務化を進める蔵が増えているようです。全館を温湿度管理でき分析機器完備の「醸造ビル」で酒づくりを究める先進の蔵も軌道に乗っています。

いずれにせよ、能登杜氏組合は１９０４(明治37)年に国内最古とされる自醸清酒品評会を開いた１２０年近くの歴史を糧《かて》に、日本四大杜氏の一つである誇りを持って、組合員のために様々な活動及び事業を続けてきました。自醸清酒品評会は２０１９年で１１５回を数えましたが、新型コロナウイルスが蔓延《まんえん》した20年は中止。21年は1年ぶりに開催しました。また、毎年、8月下旬の3日間、珠洲市と能登町で隔年開催しており、夏季酒造講習会もコロナ禍に対応して、20年は中止しました。

このほか、毎年9月下旬、酒造りの守護神にシーズン中

◇石川県33蔵の能登杜氏内訳

櫻田酒造㈱	櫻田　博克	蔵元杜氏
宗玄酒造㈱ 平成蔵	長松　拓也	社員杜氏
宗玄酒造㈱ 明和蔵	古谷　邦夫	季節杜氏
松波酒造㈱	畑下　政美	季節杜氏
㈱鶴野酒造店	鶴野　薫子	蔵元杜氏
数馬酒造㈱	栗間　康弘	社員杜氏
㈱清水酒造店	清水　亙	蔵元杜氏
日吉酒造店	日吉　智	蔵元杜氏
㈱白藤酒造店	白藤　喜一	蔵元杜氏
(合名)中島酒造店	中島　遼太郎	蔵元杜氏
中野酒造㈱	中野　貴子	蔵元杜氏
鳥屋酒造㈱	川井　大樹	社員杜氏
御祖酒造㈱	横道　俊昭	季節杜氏
㈱久世酒造店	北川　真治	社員杜氏
やちや酒造㈱	山岸　昭治	季節杜氏
中村酒造㈱	渡辺　愛彦	社員杜氏
㈱車多酒造	岡田　謙治	季節杜氏
㈱吉田酒造店	吉田　泰之	蔵元杜氏
㈱小堀酒造店	家　修	取締役杜氏
東酒造㈱	二見　秀正	社員杜氏
㈱加越	奥田　和昌	社員杜氏
(合同)西出酒造	西出　裕恒	蔵元杜氏
橋本酒造㈱	橋本　佳幸	蔵元杜氏
鹿野酒造㈱	木谷　太津男	社員杜氏

2021年4月1日現在

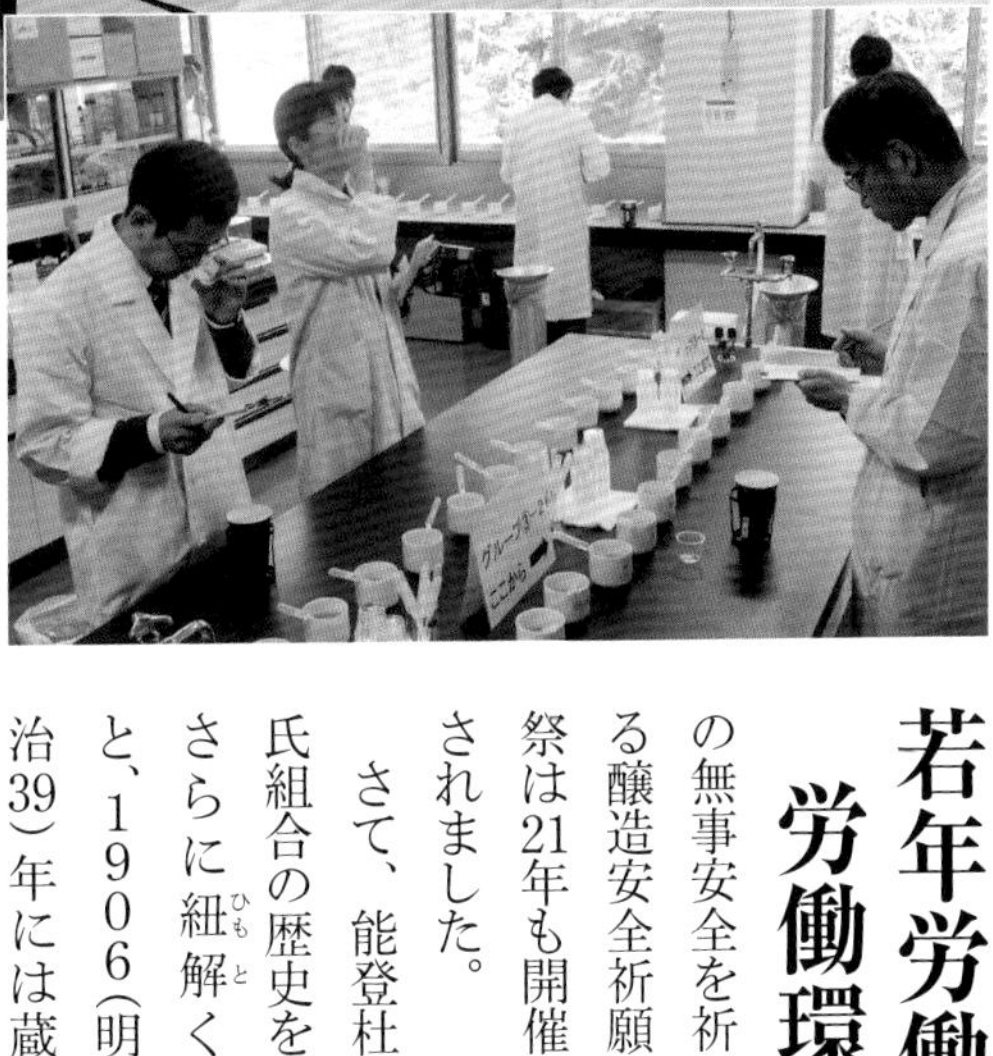

㊤2021年4月に行われた能登杜氏自醸清酒品評会
＝珠洲市内
㊨2021年3月に行われた金沢国税局酒類鑑評会
＝金沢市内

若年労働者の確保期し 労働環境改善の動きも

の無事安全を祈る醸造安全祈願祭は21年も開催されました。

さて、能登杜氏組合の歴史をさらに紐《ひも》解《と》くと、１９０６（明治39）年には蔵元相互の連絡と酒づくり従事者の統制、団結を図るため「珠洲郡杜氏組合」が発足、21（大正10）年には現在の「能登杜氏組合」となりました。最盛期の27（昭和２）年には、杜氏４０２人、蔵人１６４４人を数えた記録が残っています。令和時代に入り、杜氏の数は最盛期の18パーセントに過ぎませんが、変わらないのは志でしょう。

品評会で優秀成績

その実力を計る場として、毎年の全国新酒鑑評会や金沢国税局酒類鑑評会、あるいはパリのクラマスター、ロンドンのＩＷＣ（Ｉｎｔｅｒｎａｔｉｏｎａｌ　Ｗｉｎｅ　Ｃｈａｌｌｅｎｇｅ）など国内外のコンテストがあります。ここでも能登杜氏が醸した酒が毎年、多く入賞、金賞などを獲得しています。今は新型コロナウイルスによる感染症拡大に伴い中止なども出ていますが、22年春こそこれまで通りの開催が見込まれます。

文化庁の「小松の石文化」にも認定された東酒造の国登録有形文化財の石蔵

幾星霜《いくせいそう》刻んだ石と木造り 極太《ごくぶと》の梁《はり》、白壁《しらかべ》の蔵

　自家で醸造《じょうぞう》した酒を売る「造り酒屋」として発展した日本の酒蔵は、蔵の中で酒づくりと貯蔵を行い、隣接する店舗で清酒を売るようになりました。黒光りした極太《ごくぶと》の梁《はり》、白壁《しらかべ》の土蔵、幾星霜を刻んだ店舗などの構えには、歴史的な文化財として認められたものも数多くあります。

　石川県の歴史ある酒蔵からも、保存の必要がある建造物などを対象とする国の「登録有形文化財」に5カ所が登録されています。

　七尾市今町の春成《はるなり》酒造店は、昭和9（1934）年に建てられた店舗の建物（主屋《しゅおく》）が登録有形文化財です。軒先がせり出した瓦屋根や2階の格《こう》子窓《しまど》などが古い町家《まちや》の姿を残します。

　金沢市大樋町《おおひまち》のやちや酒造は、酒蔵と道具蔵、主屋の3つが登録されています。今も酒づくりが行われる酒蔵、黒《くろ》漆喰《しっくい》の重厚な扉がある道具蔵、瓦屋根のひさしが続く主屋は、藩政中期から後期にかけて建てられました。

　小松市野田町の東《ひがし》酒造は、酒蔵や作業場、茶室など12の建物が登録を受けました。多くは昭和11（1936）年から同20年代に再建された建物ながら、藩政期以来の伝統建築

国の登録有形文化財、県内に5カ所

街道沿いの商家建築のたたずまいを伝える春成酒造店の主屋＝七尾市今町

を継いでいます。

東酒造の国登録有形文化財のうち石蔵3棟は2016年、文化庁の「『珠玉と歩む物語』小松～時の流れの中で磨き上げた石の文化～」の構成遺産として認定されました。

小松市大川町の戸《と》市《いち》酒販酒蔵は、大正15(1926)年頃に建てられ、建物は店舗に使われています。漆喰《しっくい》で白く塗られた外壁は、火災に強い日本の蔵を象徴する建築です。

加賀市動橋町《いぶりはしまち》の橋本酒造も、清酒蔵や主屋、離《はなれ》座敷、貯蔵庫など12の建物が登録有形文化財です。現在はその全てが不動産物件として第三者の管理下にありますが、藩政期から明治、大正、昭和まで、多彩な時代の建造物が集まっています。

また19年に野々市市本町3丁目の国重要文化財に指定されていた喜多家住宅の作業場、酒蔵と前蔵、貯蔵庫が酒造業を営んでいた時代の遺産として追加指定されています。

無形民俗文化財
七尾の酒造習俗

一方、現在は七尾市内で唯一、布施酒造店だけが伝える、昔ながらの道具を用いた酒の製法が、国の「記録作成等の措置を講ずべき無形の民俗文化財」として「七尾の酒造習《しゅぞうしゅう》俗《ぞく》」に認定されています。

粋人蔵元
美の殿堂

お立ち寄りスポット

中村記念美術館

金沢市本多町3丁目2-29　TEL　076(221)0751
入館料　一般／310円
団体（20人以上）／260円
65歳以上・障害者手帳をお持ちの方
及びその介護人／210円（祝日無料）
小中学生・高校生／無料
茶菓券／350円
休館日　月曜日（祝日の場合は翌平日）
年末年始（12月29日～1月3日）
展示替え期間
開館時間　午前9時半～午後5時
（受付は午後4時半まで）

中村記念美術館
亡き栄俊氏の所蔵
逸品名品寄贈受け

旧邸も残し文化催事に活用

中村栄俊氏

中村記念美術館の敷地内にある中村栄俊氏の旧邸

戦後、石川の酒造業界で粋《すい》人《じん》と言われた一人に、中村酒造（金沢市）の元社長、中村栄《えい》俊《しゅん》氏（1908〜1978）がいました。

多大な財産を投じて古今東西の逸品珍品を集めに集めました。しかし、晩年に「古美術品は一個人のものではない。国民の宝であり、散逸《さんいつ》すべきではない」との考えから、コレクションを提供して財団法人中村記念館を設立、昭和初期の旧宅を移築して館に充てました。

1975（昭和50）年に金沢市に寄贈し、後に新館を市が建築しています。

収蔵品は茶道美術の名品を中心に書、絵画、古九谷などの陶磁器、加賀象嵌《ぞうがん》、加賀蒔《まき》絵《え》など幅広く、重要文化財5点、重要美術品5点、県指定文化財1点、金沢市指定文化財8点が含まれ、ざっと1000点を数えます。

氏が精力的に古美術品を蒐《しゅう》集《しゅう》したのは、戦後、前田家など地方の旧大名家《だいみょうけ》などが「お宝」を売り立てした昭和20年代から30年代にかけてでした。前田家伝来や、加賀八家《はっか》伝来の、例えば「古筆手鑑《こひつてかがみ》」「唐物肩衝茶入《からものかたつきちゃいれ》　利休小肩衝《りきゅうこかたつき》」「鶉図《うずらず》」などに金銭を惜しみませんでした。

中村氏は戦後、金沢商工会議所会頭を務めるなど、金沢経済界の発展に寄与するとともに茶道をこよなく愛し、文化振興にも貢献しました。その数寄者《すきしゃ》としての風格と度量の大きさを、称える人も少なくありません。

珠洲郷土民謡研究会の能登流酒屋唄体験教室＝珠洲市蛸島の櫻田酒造

酒屋唄《さかやうた》を後世に

杜氏、蔵人の哀歓にじむ

かつては酒づくりに付きものだった酒屋唄。現状のままでは、幻となりつつあります。今や県内のどこの蔵にも、酒屋唄を口ずさんで、櫂《かい》を突いている姿は見受けられません。

蔵の近代化、機械化が急速に進み、製造テンポが加速する一方、冬場の出稼ぎとして酒蔵に一冬こもる季節杜氏も激減しました。唄回しを教える蔵人も習ってみようとの気骨ある若者もいないようです。

ただ、酒屋唄を何とか後世に伝えていこうという動きはあります。ほかならぬ杜氏や蔵人の「ふるさと」珠洲市にある珠洲郷土民謡研究会が継承の灯をともし続けています。

研究会は現在、いくつかあった酒屋唄のうち、「米かし節」「酛《もと》すり唄」「櫂突《かいつき》唄」を会員が、歌詞カードを手に手《て》拍子《ひょうし》も交え歌い覚え、各地の民謡イベントで披露しています。これらの酒屋唄は、酒造工程ごとに、杜氏と蔵人が息を合わせて伝承してきました。

最近では、珠洲郷土民謡研究会の能登流酒屋唄体験教室が2019(令和元)年3月に珠洲市と能登町の酒蔵で開かれたくらい。新型コロナウイルスが蔓延してから全く動きは途絶えています。「続けていきたいのだけど」。珠洲郷土民謡研究会の池谷《いけや》内《ち》吉光塾長(70)がさみしく笑いました。

今に残る酒屋唄の歌詞

米かし節（米洗い唄）
〽一、今年はじめて　この家の親父さん
頼みますわよ　松尾さん
（以降二、三と続く）

酛《もと》すり唄（歌　珠洲市宝立町　井勘時郎《いかんときろう》氏）
〽一、宵い酛すり　夜中にこしき
朝の洗い場の水つらいな
（以降二、三、四、五と続く）

酛すり唄（歌　珠洲市若山町　天保正一《てんぽしょういち》氏）
〽一、とろりとろりと　今摺《す》る酛はイナ
酒に造りて　江戸へ出す
（以降二、三、四、五と続く）

櫂突《かいつき》唄
〽どんとな　どんとな
今突くもろみ
江戸へな　出すのはな
ほんとにかいな　昔のことだよ
今な　世が世でな
地ではけるわよ

歌詞カードを手に酒屋唄を歌う珠洲市郷土民謡研究会員＝珠洲市宝立町の宗玄酒造

酒 こうして造られる

一般的には11月から翌年3月までの5カ月間で行われる酒造り。杜氏《とうじ》や蔵人《くらびと》は基本的に季節労働者として働きますが、近年は比較的大きな酒造会社などでは、正規社員による通年稼働に移りつつあります。

❶玄米外側の糠《ぬか》など削り、雑味《ざつみ》の原因となるタンパク質や脂質を取り除く。

一般の食用米の精米が90％程度を残すのに対して、酒用では70％以下まで削り取り、大吟醸《だいぎんじょう》酒などは50％以下まで精米する。

❷精米後も米の表面に残る細かい糠《ぬか》などを水で洗い落とす。

製麹

❺蒸《む》した米に黄麹菌《きこうじきん》の胞子（種麹《たねこうじ》）を振りかけて増殖させ、米のデンプンを糖に変える麹をつくる。

①精米《せいまい》 ◀ ②洗米《せんまい》 ◀ ③浸漬《しんせき》 ◀ ④蒸米《じょうまい》 ◀ ⑤製麹《せいきく》 ◀ ⑥酒母《しゅぼ》（酛《もと》）

❸秒単位の時間管理で麹菌《こうじきん》の繁殖に適した分量まで米に水を吸わせる。

❹強い蒸気《じょうき》で米を蒸《む》し上げ、酒の素《もと》となる麹や酒母《しゅぼ》、醪《もろみ》の母体をつくる。

❻できあがった麹に、蒸した米と水、糖をアルコールに変える微生物の酵母《こうぼ》を加えて、酒への発酵を促す酒母《しゅぼ》をつくる。

酵母を大量に含み、発酵の原動力となる酒母をつくるには、酵母の増殖を邪魔する雑菌を駆除するため、乳酸を発生させる必要がある。

外から乳酸を加える造り方が速醸《そくじょう》酛《もと》で、自然界から入り込む乳酸菌の力で糖から乳酸を発生させる造り方が生酛《きもと》と山廃酛《やまはいもと》。生酛は蒸した米と

⑦仕込みタンク内の酒母《しゅぼ》に水と麹、蒸した米を加え、醪《もろみ》をつくる。

醪をつくるために原材料を加えることを「仕込み」といい、一度に入れると、酸性が薄まって雑菌が入り込むため、4日間で3回に分けてタンクに入れる「三段仕込み」が主流である。

1日目は1回目の仕込みである「初添《はつぞ》え」を行う。

2日目は仕込みをしない休止日である「踊《おど》り」で、中の酵母を増殖させる。

3日目は2回目の仕込みである「仲《なか》添え」で、1回目の約2倍の原材料を入れる。

4日目に最後の3回目の「留《とめ》添え」で、2回目の約1.5倍から2倍の量を入れて、醪ができあがる。

⑩しぼり出した酒の中から細かな固形物を取り除く。

⑪60～65℃で加熱して、酵素の活性を止め、殺菌する。

⑫10～20℃の温度で貯蔵し、まろやかに熟成させる。

⑮定番や季節限定の銘柄など、時期ごとに多彩な酒を出荷する。

⑦ 仕込み ◀ ⑧ 醪《もろみ》 ◀ ⑨ 上槽《じょうそう》 ◀ ⑩ 滓引《おりび》き・濾過《ろか》 ◀ ⑪ 火入《ひい》れ ◀ ⑫ 貯蔵《ちょぞう》 ◀ ⑬ 割水《わりみず》（加水《かすい》） ◀ ⑭ 火入《ひい》れ・瓶詰《びんづ》め ◀ ⑮ 出荷《しゅっか》

麹を櫂《かい》ですりつぶして糖をできやすくし、山廃酛はすりつぶす作業を省略して、米と麹から自然に糖ができるのに任せる。

⑧醪《もろみ》を3～4週間かけて中の酵母でアルコール発酵させ、酒の素ができる。

発酵による泡は粘りのあるものから次第に消えやすくなる。酒によっては、発酵の最後に醸造アルコールを加え、香りや味を引き立たせる。

醪

⑨酒袋《さかぶくろ》に入れた醪に圧力をかけて酒をしぼり出す。

「ふね」と呼ばれる酒槽《しゅそう》に入れて、積み重ねた袋の重みなどで上から圧力をかける方式と、機械の中で横から圧力をかける方式がある。

⑬原酒に水を加えて、飲みやすいようにアルコール度数を調整する。

⑭酒を出荷用の瓶《びん》に詰める際にも、殺菌のために2度目の火入れを行う。

酒 用語集

あ

【アミノ酸度《さんど》】

日本酒に含まれるアミノ酸の量を示し、味の濃淡を計る指標になる。値が高ければ、コクのある味になり、少なければ、すっきりとした味わいになる。


【荒走《あらばし》り】

清酒の素となる醪《もろみ》をしぼった際、最初に流れ出てくる酒。炭酸ガスが残って白くにごっている。新走りとも書く。


【アルコール度数】

酒に含まれるエチルアルコールの割合を百分率（%）で表した数字。ビールは5%前後、赤ワインは11〜15%程度が平均。日本酒では「〜度」と表記し、平均は15度前後。


【石川門】

石川県の酒造会社、米生産者、農業研究者の協力で開発された酒造好適米の新品種。平成20（2008）年から地元の農家で栽培され、地元の酒造会社が酒造りに用いている。


【桶《おけ》売り】

大きな蔵元へ桶など貯蔵容器単位で売り渡す酒。未納税酒とも呼ぶ。


【滓《おり》】

しぼり出したあとの酒の内部にあって、置いておくと底に沈殿《ちんでん》する細かな固形物。一般的な酒造りでは、滓が沈殿したあとの上澄《うわず》み部分を用いる。


【滓酒《おりざけ》】

しぼり出したあと、底に沈殿《ちんでん》している滓《おり》を残したまま瓶詰《びんづ》めした酒。白くにごって新鮮な味わいがある。滓がらみともいう。


【滓引《おりび》き】

しぼり出したあと、滓《おり》を底に沈殿《ちんでん》させ、上澄みを分離・抽出する作業。

か

【掛米《かけまい》】

酒母《しゅぼ》や醪《もろみ》造りに使用する原料米。日本酒の製造に用いられる白米のうち、総量の約80%を占める。残り約20%は麹米《こうじまい》。


【佳撰《かせん》】

旧酒税法の等級における「二級」に相当する酒に対して、酒造メーカーや蔵元が独自基準で採用している表示。特撰、上撰に比べて、お得な価格帯の商品に用いる。


【金沢酵母《こうぼ》】

金沢国税局に受け継がれた酵母から開発され、日本醸造協会が全国に販売する酵母の一種。発酵時の泡が多いものと少ないものの2種類がある。酸が少なく、吟醸香《ぎんじょうこう》が高い。

【醸《かも》す】
麹《こうじ》や酵母による発酵を利用して、酒などを造ること。醸造《じょうぞう》。

【枯《か》らし】
精米後の白米を冷暗所で最長1カ月ほど保管すること。白米の温度を下げることで、精米中に失われた水分を取り戻すのが目的。

【生一本《きいっぽん》】
昔は寒造りの酒をそのまま樽《たる》詰めすることを意味した。現在では一つの酒蔵で造られた純米酒を指す。

【利《き》き酒《ざけ》】
日本酒を試飲して、品質を審査、判定すること。底に濃紺色の円が描かれた白磁製の猪口《ちょこ》を使い、味や香りのほか、見た目から色や透明度、粘性《ねんせい》なども確かめる。

【貴醸酒《きじょうしゅ》】
仕込み水に清酒を用いて醸造した濃厚で芳醇《ほうじゅん》な酒。長期熟成することで琥《こ》珀《はく》色になる。

【生酛《きもと》】
麹《こうじ》、蒸した米、水を櫂《かい》ですりつぶす昔ながらの方法で酒母《しゅぼ》を造ること。すりつぶす作業をしないのが「山廃酛《やまはいもと》」で、どちらも速醸酛《そくじょうもと》に比べて、倍以上の期間と手間を要する。

【吟醸酒《ぎんじょうしゅ》】
特定名称酒のうち、原料となった米の精米歩合が60%以下で、醸造アルコールを加えているもの。低温で醸造して香りを引き出す「吟醸造り」を用いる。

【蔵人《くらびと》】
酒蔵で働き、酒造りを担う作業員。稲作を終えた農民が、冬の出稼ぎとして務めるケースも少なくない。

【蔵元《くらもと》】
酒蔵を所有するオーナー。蔵元自身が製造責任者の杜氏《とうじ》を兼ねる場合もある。

【原酒《げんしゅ》】
醪《もろみ》をしぼったあとに、割水(加水)をしていない酒。アルコール度数が高く、濃厚な味わいになる。

【麹《こうじ》】
蒸した米に麹菌《こうじきん》の菌糸《きんし》を繁殖させたもの。米のデンプンを糖化するとともに、酵母の栄養素となるビタミン類を生成するために必要で、酒母《しゅぼ》にも醪《もろみ》にも使われる。米麹とも呼ばれる。

【麹米《こうじまい》】
麹《こうじ》造りに使用される原料米。日本酒の製造に用いられる白米のうち、総量の約20%を占める。残り約80%は掛米《かけまい》。

【酵母《こうぼ》】
糖分をアルコールと炭酸ガスに分解する微生物。酒造りには日本醸造協会が販売するものや、各自治体で開発されたものなどが使われ、種類によって酒の性質も変化する。

【甑《こしき》】

米を蒸すときに使う大型のせいろ状の器具。浸漬《しんせき》で水を吸った米を中に入れ、底に空いた穴から高温で乾燥した蒸気を送り込んで蒸し上げる。

【古酒《こしゅ》】

酒造業界では、製造後1年以上経ってから出荷された酒をいう。愛好家の間では、数年から10年以上かけて熟成された日本酒を指すこともある。

【五百万石《ごひゃくまんごく》】

昭和32（1957）年に新潟県が開発した酒造好適米。新潟県のほか、北陸三県でも多く栽培される。作付量では山田錦《やまだにしき》を上回り、日本一を誇る。

さ

【酒林《さかばやし》】

針金で造った球形の芯《しん》に、杉の穂先を差し込んでボール状にしたもの。酒のしぼりが始まる時期に酒蔵の軒先に吊《つ》るされ、緑色から茶色へと変化する様子が酒の熟成を物語る。杉玉《すぎだま》ともいう。

【酸度《さんど》】

日本酒に含まれるコハク酸などの酸の量を示す。一般的には、値が高ければ、味が濃く辛口になり、低ければさらりと甘い口当たりになるとされる。

【酒造好適米《しゅぞうこうてきまい》】

日本酒の原料に適した性質を持つ米。大粒で、中心の心白《しんぱく》が大きいことなどが特徴。代表的な品種に山田錦や五百万石、美山錦《みやまにしき》などがある。

【酒造年度《しゅぞうねんど》】

酒造業界が採用する7月1日から翌年6月30日を一区切りとする事業年度。

【酒母《しゅぼ》】

麹《こうじ》で米のデンプンを糖化させた液に酵母を入れて培養したもの。「酛《もと》」とも呼ばれ、日本酒の根幹をなすとされる。

【純米酒《じゅんまいしゅ》】

特定名称酒のうち、醸造アルコールを添加《てんか》せず、米と米麹《こうじ》だけで醸造されたもの。中でも精米歩合が60％以下、または特別な製造法を用いたものは特別純米酒を名乗れる。

【上撰《じょうせん》】

旧酒税法の等級における「一級」に相当する酒に対して、酒造メーカーや蔵元が独自基準で採用している表示。品質、価格ともにスタンダードな商品であることが多い。

【上槽《じょうそう》】

袋に詰めた醪《もろみ》を酒槽《しゅそう》にセットし、圧力をかけてしぼり、清酒と酒粕《さけかす》に分ける作業。現在は機械を用いる方式が主流で、並べた袋に横方向から圧力をかけて酒をしぼり出す。

【新酒《しんしゅ》】

製造されたばかりの日本酒。7月から翌年6月までの日本酒の製造年度内に造られた酒のことも指す。

【浸漬《しんせき》】

洗った酒米を水に浸して吸水させる

作業。蒸した際に米の水分が麹菌《こうじきん》の繁殖に最適になるように、特に吟醸造《ぎんじょうづく》りでは、浸す時間は秒単位で管理される。

【心白《しんぱく》】

米粒の中心にある白くて不透明な芯《しん》の部分。粗《あら》くなったデンプン質が集中している。心白のある酒米は麹菌《こうじきん》が米粒の内部にくい込みやすく、良質な米《こめ》麹《こうじ》になりやすい。

【精米《せいまい》】

玄米の外側を磨いて削ることで、タンパク質や脂質を低減し、酒の雑味を減らす作業。

【精米歩合《せいまいぶあい》】

精米によって削られた白米が元の玄米から残った割合で、%で表す。精米歩合70%は外側30%を削って70%を残したという意味。逆に、削った割合は精白率《せいはくりつ》と呼ぶ。

【全国新酒鑑評会《ぜんこくしんしゅかんぴょうかい》】

独立行政法人酒類総合研究所（広島県）と日本酒造組合中央会（東京）が毎年開催する日本酒業界最大の日本酒品評会。優秀な銘柄を入賞、特に優秀な銘柄を金賞に選んでいる。

【洗米《せんまい》】

精米した米の表面に残る、細かい糠《ぬか》や米くずを洗い流す作業。機械化が進んでいる工程だが、一部の大吟醸酒などでは手や水流で洗う場合もある。

【速醸酛《そくじょうもと》】

醸造用乳酸《じょうぞうようにゅうさん》を添加《てんか》することで酵母を育成し、酒母《しゅぼ》を造る方法。所定の酸度が保たれるため、比較的短期間で造れるのが利点。

た

【大吟醸酒《だいぎんじょうしゅ》】

特定名称酒のうち原料となった米の精米歩合が吟醸酒の60%以下より少ない50%以下で、醸造アルコールを加えているもの。アルコールを加えることで華やかな香りを引き出している。

【樽酒《たるざけ》】

杉などの木樽《きだる》で貯蔵した日本酒。木のさわやかな香りが酒に移る効果があり、今はお祝いの席の鏡開《かがみびら》きなどに用いられることが多い。

【長期熟成酒《ちょうきじゅくせいしゅ》】

糖類添加酒《てんかしゅ》を除き、満3年以上をかけて蔵で熟成させた清酒のこと。

【出麹《でこうじ》】

麹《こうじ》を麹室《こうじむろ》から運び出す作業。

【杜氏《とうじ》】

酒造りを担う蔵人たちを率いるリーダー。蔵元と相談しながら、製造の全責任を負う。近年は大学で醸造学を学んだ若手杜氏なども活躍している。

【特撰《とくせん》】

旧酒税法の等級における「特級」に相当する酒に対して、酒造メーカーや蔵元が独自基準で採用している表示。主に特定名称酒などの高級酒に用いられている。


【特定名称酒《とくていめいしょうしゅ》】

大吟醸酒、吟醸酒、純米酒、本醸造酒などの総称。これらに含まれない日本酒は普通酒となる。


【斗瓶囲い《とびんがこい》】

醪《もろみ》を詰めた酒袋をしぼらずに上からつるして、袋からしたたるしずくを18リットル入りの瓶（斗瓶）に集めて造る酒。雫《しずく》酒、袋吊りとも呼ばれる。


【どぶろく】

醪《もろみ》から発酵した酒をこすことなく、そのまま飲む酒。白くにごっているため、にごり酒ともいう。

な

【中汲み《なかぐみ》】

醪《もろみ》をしぼった際、最初の荒走り《あらばしり》の次に流れ出る酒。荒走りや最後に流れ出る「責め」と比べて品質が安定し、酒の最も良い部分とされる。


【生酒《なまざけ》】

清酒の素の醪《もろみ》をしぼる上槽《じょうそう》の後と瓶《びん》詰め時の2度行う火入れを、どちらもせずに出荷される酒。造り立ての香りが楽しめるとされる。


【生貯蔵酒《なまちょぞうしゅ》】

上槽《じょうそう》後の火入れをせずに生で貯蔵し、瓶詰め時の火入れだけで出荷される酒。一般的に軽い酒質になるとされる。


【生詰め酒《なまづめしゅ》】

上槽《じょうそう》後に火入れして貯蔵するが、瓶詰め時の火入れはしないで出荷される酒。酒に新鮮さが残る。


【にごり酒】

どぶろくと同じもののほか、醪《もろみ》を粗《あら》い目の布で軽くこした酒もこう呼ばれる。後者の加熱処理していないものは活性清酒ともいう。


【日本酒度《にほんしゅど》】

日本酒の液体としての比重を示す。4℃の水と同じ重さを0として、軽ければ+、重ければ−の数字で表される。糖分が多いほど重くなるため、+は辛口、−は甘口となる。

は

【発泡性清酒《はっぽうせいせいしゅ》】

液体中に炭酸ガスを含んだ日本酒。スパークリング清酒とも呼ばれる。


【火入れ《ひいれ》】

しぼりたての酒を60〜65℃で低温加熱し、殺菌するとともに、酵素の活性を止める作業。行うと酒質が安定する。


【冷やおろし《ひやおろし》】

春先に火入れしてから半年ほど熟成させ、2度目の火入れをせずに秋にそのまま出荷する酒。秋上がりと呼ぶこともある。

【槽《ふね》】

醪《もろみ》をしぼる上槽《じょうそう》で酒袋を入れる酒槽《しゅそう》の通称。機械でしぼる場合は中で袋を横に並べ、袋自体の重さなどでしぼる場合は袋を上から積み重ねる。


【並行複発酵《へいこうふくはっこう》】

日本酒に見られる、米のデンプンを糖に変える「糖化」と、酵母と糖による「アルコール発酵」を同時に行う発酵法。


【本醸造酒《ほんじょうぞうしゅ》】

特定名称酒のうち、原料米の精米歩合が70%以下で、醸造アルコールを米の総重量の10%以内で加えたもの。精米歩合60%以下、または製造方法が特別なら特別本醸造酒となる。

ま

【無濾過《むろか》】

しぼったあとの濾過を行っていない酒。酒質が劣化しやすいため、冷蔵保存での流通が必要だが、フレッシュな味わいとなる。


【醪《もろみ》】

酒母《しゅぼ》に麹《こうじ》、蒸した米、水を加えた最終段階の清酒の素。初添《はつぞ》え、仲《なか》添え、留《とめ》添えの3段階で仕込む。仕込みは2日目に休み（踊り）、計4日をかける。

や

【山卸《やまおろ》し】

生酛《きもと》で酒母《しゅぼ》を造る際に、仕込み桶《おけ》を櫂《かい》でかき回しながら米と麹をすりつぶす工程。酛摺《ず》りとも呼ばれる。


【山田錦《やまだにしき》】

酒造好適米の代表格である品種。兵庫県産が最高とされる。優れた品質に加えて、多様な酒造りに対応できる融通性でも評価が高い。


【山廃酛《やまはいもと》】

山卸《やまおろ》しの作業を行わず、麹《こうじ》に含まれる糖化酵素の力だけで酒母《しゅぼ》を造ること。山廃仕込みともいう。


【和《やわ》らぎ水《みず》】

日本酒を飲む合間に口にする水。体内のアルコール分を下げて酔いの速度をゆるやかにしたり、口の中をリフレッシュして、酒や料理の味を鮮明にする効用がある。

ら

【濾過《ろか》】

上槽《じょうそう》して滓引《おりび》きを行った酒から、さらに細かい固形物を取り除く工程。活性炭の粉末を酒に入れて吸着させる方法が一般的。

わ

【割水《わりみず》】

瓶詰《びんづ》め前の酒に水を加えてアルコール度数や香りのバランスを調整する作業。加水をしない、あるいは加水しても度数変化が1度以内の酒が原酒と表記される。

あとがき

「石川の地酒はうまい。」を初めて刊行して5年が過ぎました。今回、「新」を付して出版するに到ったきっかけは、11年かけて石川県が開発した新酒米「百万石乃白」の登場です。新型コロナウイルスの蔓延《まんえん》さなかではありましたが、石川県酒造組合連合会に提案すると「逆境打開の契機になれば」と了承を得ました。

２０２１（令和３）年が明けて寒中1・2月、仕込みたけなわの珠洲市から加賀市までの県酒造組合連合会加盟の33蔵に、５年前と同じく足を運んで驚きました。酒づくりの現場が大きく世代交代していたからです。蔵元、杜氏、蔵人ともに30代、40代あるいは20代が主要な位置を占め、彼らは生き生きと動き回っていました。

もとより酒づくりは、良好な水と米と微生物で、人が醸《かも》してきた労働集約型産業です。農閑期の出稼ぎとして造り酒屋の蔵に入り、春を迎えると農業に回帰する。そんなパターンがつい最近まで主流でした。ところが、近年は世を挙げて働き方改革が進み、酒造業界とて例外ではありません。極寒の2カ月ほどは、蔵に泊まり込んでのハードな深夜作業。農村社会の変容で担い手の確保もままならない現状です。

旧来の産業構造を変えざるを得ないような時代の波が押し寄せています。どの業界もそうですが、若い担い手を確保していかなければ、将来はありません。ここ数年、努めて若者を採用する老舗や、平均年齢30歳代という蔵も出てきました。

無論、経験とカンに負うところが大きい業界です。しかし、若い蔵元、杜氏、蔵人は現場を牽引《けんいん》するチカラともなります。そして、究極の味わいに感性を研ぎ澄ます「つくる」だけでなく、「売る」にもチカラを発揮します。例えば、酒瓶の形、色、ラベルのデザイン、銘柄のネーミング。店頭での品定めには、とても大事な要素です。蔵によっては、社員として製造と営業の両方を兼任させる蔵も少なくありません。

そんな中、石川県が開発した新酒米「百万石乃白」は酒づくりの玄人筋に受けはいいようです。「可能性を秘めている」そうです。新型コロナウイルスが収束した暁《あかつき》には、「石川の地酒」はもっとうまくなるのでしょう。今から楽しみです。

北國新聞社出版局出版部参与
福田　信一

【ご協力していただいた方々】

金沢国税局
石川県農林水産部
石川県農林総合研究センター農業試験場
公益財団法人 石川県産業創出支援機構
石川県酒造組合連合会
石川県酒販協同組合連合会
石川県小売酒販組合連合会
石川県教育委員会文化財課
石川県立大学
日本酒造杜氏組合連合会
能登杜氏組合
日本ソムリエ協会石川支部
中村記念美術館
珠洲郷土民謡研究会

新 石川の地酒はうまい。

令和3(2021)年10月5日 第1版第1刷

編集 北國新聞社出版局
発行 北國新聞社
〒920-8588
石川県金沢市南町2番1号
電話 076-260-3587(出版局直通)
E-mail syuppan@hokkoku.co.jp

定価はカバーに表示してあります。

ISBN978-4-8330-2243-9